金钱不能买什么：市场的道德局限

（全新修订版）

［美］**迈克尔·桑德尔**
（Michael Sandel）著

邓正来 译

中信出版集团 | 北京

图书在版编目（CIP）数据

金钱不能买什么：市场的道德局限：全新修订版 /
（美）迈克尔·桑德尔著；邓正来译 . -- 2 版 . -- 北京：
中信出版社，2022.1
书名原文：What Money Can't Buy: The Moral
Limits of Markets
ISBN 978-7-5217-3760-8

Ⅰ.①金⋯ Ⅱ.①迈⋯ ②邓⋯ Ⅲ.①经济伦理学－
通俗读物 Ⅳ.① B82-053

中国版本图书馆 CIP 数据核字（2021）第 229800 号

金钱不能买什么——市场的道德局限（全新修订版）
著者：　　　［美］迈克尔·桑德尔
译者：　　　邓正来
出版发行：　中信出版集团股份有限公司
　　　　　　（北京市朝阳区惠新东街甲 4 号富盛大厦 2 座　邮编　100029）
承印者：　　中国电影出版社印刷厂

开本：787mm×1092mm　1/16　　　印张：16.5　　　字数：200 千字
版次：2022 年 1 月第 2 版　　　　印次：2022 年 1 月第 1 次印刷
京权图字：01-2012-7947　　　　　书号：ISBN 978-7-5217-3760-8
　　　　　　　　　　　　　　　　定价：65.00 元

致琦库

带着我无尽的爱意

目录

CONTENTS

引言

市场与道德

有一些东西是金钱买不到的，但是如今，这样的东西却不多了。今天，几乎每样东西都在待价而沽。下面便是其中几个例子：

- 牢房升级：每晚 82 美元。在加利福尼亚的圣安娜（Santa Ana）和其他一些城市，非暴力罪犯可以用钱买到更好的住宿条件：一间与不出钱的罪犯的牢房分隔开的、又干净又安静的监狱牢房。[1]

- 独自驾车时可以使用"拼车专用道"（car pool lane）：高峰时段 8 美元。明尼阿波利斯和其他城市正在尝试这项举措，独自驾车的司机可花钱在拼车专用道上行驶，来缓解交通堵塞现象，价格则随着交通状况的不同而改变。[2]

- 印度妈妈的代孕服务：每位 6 250 美元。西方国家那些寻求代孕的夫妇越来越多地将代孕之事外包给印度妇女，因为代孕在那里是合法的，而且价格不足美国现行价格的 1/3。[3]

- 移民到美国：50 万美元。投资 50 万美元并在高失业领域至少创造 10 个就业机会的外国人，就有资格获得美国绿卡并拥有在美国的永久居住权。[4]

• 狩猎濒危黑犀牛的权利：每头 15 万美元。南非开始允许农场主把射杀有限数量黑犀牛的权利出售给狩猎者，以此激励农场主去饲养和保护濒危物种。[5]

• 医生的手机号码：每年至少 1 500 美元。越来越多的"礼宾"医生为那些愿意支付 1 500~25 000 美元年费的病人提供手机咨询服务和当日预约就诊的机会。[6]

• 向大气层排放碳的权利：每吨 13 欧元（约合 18 美元[①]）。欧盟构建了一个碳排放交易市场，从而使得一些公司可以买卖碳排放权。[7]

• 著名大学的录取名额：价格不定。尽管这方面的价格没有被公示，但是美国一些顶尖学府的行政人员曾告诉《华尔街日报》，他们的学校录取了一些并不十分优秀的学生，其原因是这些学生的父母很富有，并有可能给学校捐赠一笔数目可观的钱。[8]

并非每个人都有能力购买上面列出的这些东西，但是现今却有很多可以赚钱的新路子。如果你需要多赚一些钱，那么下面就是一些新的可能性：

• 出租你的前额（或者你身体的其他部位）用来放置商业广告：

---

① 本书英文原版出版于 2012 年，书中数据以原书为准。——编者注

777 美元。新西兰航空公司雇了 30 个人，把他们的头发剃光并在其头上印上写着"需要做出改变吗？请来新西兰"广告语的暂时性刺青。[9]

- 在制药公司的药品安全试验环节中担当人工试验对象：7 500 美元。这项报酬可以更高，也可以更低，这取决于用来检测药品效用的试验程序对试验对象的侵害程度及其所引发的痛苦程度。[10]

- 为私人军事公司去索马里或阿富汗打仗：每天 250~1 000 美元。这项报酬根据人员的资质、经历和国籍的不同而不同。[11]

- 在国会山为一位想要参加国会某场听证会的游说者通宵排队：每小时 15~20 美元。游说者们付钱给"排队公司"，而这些公司又雇用流浪汉和其他人去排队。[12]

- 如果你是达拉斯的一所一般学校的后进生，那么你每读一本书，就可以得到 2 美元。为了鼓励读书，孩子们每读一本书，这些学校就会奖励给他们一点儿钱。[13]

- 如果你是个胖子，那么你在 4 个月内减掉 14 磅① 就可以得到 378 美元。一些公司和健康保险公司为减肥和其他各种健康活动提供金钱激励措施。[14]

- 为一位病人或老人购买一张人寿保险单，在其有生之年为其支付年度保险费，然后在他 / 她去世时就可获得死亡收益，其价值可达数百万美元（具体收益取决于保险单中的规定）。这种

---

① 1 磅约为 0.45 千克。——编者注

在陌生人的生命上下赌注的做法，已然成就了一个300亿美元的产业。陌生人死得越快，投资者赚的钱就越多。[15]

我们生活在一个几乎所有的东西都可以拿来买卖的时代。在过去的30年里，市场和市场价值观渐渐地以一种前所未有的方式主宰了我们的生活。但需要强调的是，我们深陷此种境地，并不是我们审慎选择的结果，它几乎像是突然降临到我们身上的。

伴随着"冷战"的结束，市场和市场观念得到了无与伦比的声誉，这是可以理解的。事实证明，在增进富裕和繁荣方面，任何其他组织商品生产和分配的机制都不曾取得如此的成功。然而，正当世界上越来越多的国家在运作经济方面拥抱市场机制的时候，其他的事情也在发生。市场价值观在社会生活中渐渐扮演着越来越重要的角色。经济学也正在成为一个帝国领域。今天，买卖的逻辑不再只适用于各种商品的交易，而是越来越主宰着我们的整个生活。现在，到了我们追问自己是否想要过这种生活的时候了。

市场必胜论的时代

2008年金融危机爆发前的那些年，是一个信奉市场和放松监管的疯狂年代，即一个市场必胜论的时代。这个时代始于20世纪80年代早期，当时罗纳德·里根和玛格丽特·撒切尔表达了他们的坚定信念，即市场而非政府掌管着通往繁荣和自由的钥匙。这种情况在比尔·克林顿和托尼·布莱尔的亲市场自由主义的支持下，一直延续到

20 世纪 90 年代。他们两人虽说调和但却更加巩固了这样一种信念，即市场是实现"公共善"（public good）的首要途径。

如今，这种信念遭到了质疑，市场必胜论的时代也已趋于终结。金融危机不只引发了人们对市场有效分配风险能力的质疑，还促使人们产生了一种广泛的认识，即市场已远离道德规范，因而我们需要用某种方式来重建市场与道德规范之间的联系。但是，这究竟意味着什么，或者我们应当如何重建市场与道德规范之间的联系，却并非显而易见。

一些人认为，市场必胜论在道德上的核心缺陷乃是贪婪，因为贪婪致使人们进行不负责任的冒险。根据这种观点，解决这个问题的方案便是遏制贪婪，让银行家和华尔街的高管们坚守更大的诚信和责任，并且制定各种合理的规章制度以防范类似的危机再次发生。

这种观点至多是一种片面的分析。贪婪在金融危机中扮演着重要角色，这一点肯定没错，但是另一件更重大的事情却更具危险性。过去 30 年所展示的最致命的变化并不是贪婪的疯涨，而是市场和市场价值观侵入了它们本不属于的那些生活领域。

与这种境况抗争，我们不仅需要抨击贪婪，还需要重新思考市场在我们的社会中应当扮演什么样的角色。关于使市场处于其当处之地究竟意味着什么，我们需要用公共辩论的方式予以讨论。为了进行这种辩论，我们需要认真考虑市场的一些道德界限，还需要追问是否存在一些金钱不应当购买的东西。

市场和市场导向的观念向传统上由非市场规范统辖的生活领域的入侵，乃是我们这个时代最重大的发展之一。

让我们想一想下面的各种情形：

- 营利性的学校、医院和监狱不断增多，以及将战争外包给私人军事承包商。（在伊拉克和阿富汗，私人军事承包商的雇佣兵在数量上实际超过了美国正规军。[16]）
- 公共警力远比私人保安公司逊色——尤其在美国和英国，私人保安的数量是警察的两倍多。[17]
- 制药公司向富裕国家的消费者强力推销处方药。（如果你看过美国晚间新闻里播出的电视广告，那么你产生如下的想法便是可以理解的：世界上最大的健康危机不是疟疾、盘尾丝虫病或者失眠，而是大肆流行的勃起功能障碍。）
- 商业广告大肆进入公立学校；出售公园和其他公共空间的"冠名权"；推销为辅助生殖而"专门设计"的卵子和精子；把怀孕事宜外包给发展中国家的代孕妈妈；公司和国家竞相买卖碳排放权；一种近乎准许买卖选票的贿选系统。

这些用市场来配置健康、教育、公共安全、国家安保、犯罪审判、环境保护、娱乐、生育及其他"社会物品"的做法，在30年前大多是闻所未闻的。然而在今天，我们却多半视其为理所当然。

一切都待价而沽

我们为什么对我们正朝着一个一切都待价而沽的社会迈进感到担

忧呢？

这里有两个原因：一个关乎不平等，另一个关乎腐败。让我们先来看看不平等。在一个一切都可以买卖的社会里，一般收入者的生活会变得更加艰难。金钱能买到的东西越多，富足（或贫困）与否也就越发重要。

如果富足的唯一优势就是有能力购买游艇、跑车和欢度梦幻假期，那么收入和财富的不平等也就并非很重要了。但是，随着金钱最终可以买到的东西越来越多（政治影响力、良好的医疗保健、在一个安全的邻里环境中而非犯罪活动猖獗的地区安家、进入精英学校而非三流学校读书），收入和财富分配的重要性也就越发凸显。在所有好的东西都可以买卖的地方，有钱与否对全世界的人都是至关重要的。

这也就解释了为什么贫困家庭和中产阶级家庭的生活在过去几十年中异常艰难。不仅贫富差距拉大了，而且一切事物的商品化通过使金钱变得越发重要，从而使得不平等的矛盾也变得更加尖锐。

我们不应当让一切事物都待价而沽的第二个原因，则比较难阐述清楚。它关注的不是不平等和公平的问题，而是市场具有的那种侵蚀倾向。对生活中的各种好东西进行明码标价，将会腐蚀它们。那是因为市场不仅在分配商品，还在表达和传播人们针对交易商品的某些态度。如果孩子好好读书就给他们零钱，有可能使他读更多的书，但同时也教会了他们把读书视作一份赚钱的零活儿而非一种获得内在满足的源泉。将大学新生名额拍卖给出价最高的投标者，有可能会增加学校的财务收入，但同时也损害了该大学的诚信及其颁发的学位的价值。雇用外国雇佣兵去为我们打仗，有可能会使本国公民少死一些，但却侵蚀了公民的意义。

经济学家常常假设，市场是中性的，即市场不会影响其所交易的商品。但事实并非如此，因为市场留下了它们的印记。有时候，市场价值观还会把一些值得人们关注的非市场价值观排挤出去。

当然，人们在哪些价值观值得关注，以及为什么这些价值观值得关注的问题上存在分歧。所以，为了确定金钱应当及不应当买什么，我们就必须首先确定，什么样的价值观应当主导社会生活和公民生活的各个领域。如何认真地思考这个问题，便是本书的主旨所在。

在这里，我想提前概述一下我希望给出的答案：当我们决定某些物品可以买卖的时候，我们也就决定了（至少是隐晦地决定了）把这些物品视作商品（谋利和使用的工具）是适当的。但并非所有的物品都适用于这样的评价。[18] 最明显的例子就是人。奴隶制之所以骇人听闻，是因为它将人视作可以在拍卖会上买卖的商品。这种做法未能以适当的方式对人做出评价——因为人应当得到尊严和尊重，而不能被视作创收的工具和可以被使用的对象。

我们也可以用类似的方式来看待其他珍贵的物品和做法。我们不允许在市场上买卖儿童。即使购买者没有虐待其所购买的儿童，一个贩卖儿童的市场也会表达和传播一种错误的评价儿童的方式。儿童被视作消费品是不正当的，他们应当被视作值得关爱的人。或者，让我们再来考虑一下公民的权利和义务。如果你应召去履行陪审团的义务，那么你就不能雇用一个代理人去履行你的义务。同样，我们也不允许公民出售自己的选票，即使其他人有可能迫不及待地想购买它们。我们为什么不允许这样做呢？因为我们认为，公民义务不应当被视作私人财产，相反，它应当被视作公共责任。外包公民义务，就是在糟践它们，即在用一种错误的方式评价它们。

上述事例阐明了一个更为宽泛的论点：如果生活中的一些物品被转化为商品，那么它们就会被腐蚀或贬低。所以，为了确定市场所属之地，以及市场应当与什么领域保持一定距离，我们就必须首先确定如何评价相关的物品——健康、教育、家庭生活、自然、艺术、公民义务等。这些都是道德问题和政治问题，而不只是经济问题。为了解决这些问题，我们必须对这些物品的道德意义，以及评价它们的适当方式，逐一展开辩论。

这是一种我们在市场必胜论的时代未曾开展的辩论。由于我们没有深切地意识到要开展这种辩论，即我们从未决定要开展这种辩论，所以我们从"拥有一种市场经济"最终滑入了"一个市场社会"。

这里的区别在于：市场经济是组织生产活动的一种工具——一种有价值且高效的工具。市场社会是一种生活方式，其间，市场价值观渗透到了人类活动的各个方面。市场社会是一个社会关系按照市场规律被加以改变的社会。

当代政治学严重缺失的就是关于市场的角色和范围的辩论。我们想要市场经济吗？或者说，我们想要一个市场社会吗？市场应当在公共生活和私人关系中扮演怎样的角色呢？我们如何能够决定哪些物品可以买卖，以及哪些物品应当受非市场观念的支配？"金钱律令"不应当在哪些领域有效？

这些都是本书试图回答的问题。由于它们涉及有关良善社会和良善生活的各种相互冲突的理想，所以我无法承诺给出终极性的答案。

但是我至少希望，我的这一努力可以推动人们对这些问题展开公共讨论，并为人们认真思考这些问题提供一个哲学框架。

重新思考市场的角色

即便你赞同我们需要抓住这些有关"市场之道德"的大问题，你也仍可能会怀疑我们的公共话语是否能够完成这项任务。这种担忧合情合理。任何重新思考市场的角色和范围的尝试，都应当首先承认下面两个令人深感棘手的障碍。

一个是市场观念具有的经久不衰的力量和威望，即便在80年来最惨痛的市场失败的后果面前亦是如此。另一个是我们公共话语中的怨怼和空泛。这两种情况并不是完全不相关的。

第一个障碍很令人困惑。2008年金融危机被普遍认为是对此前不加批判地拥抱市场的做法（这种做法跨越政治范围盛行了30年）所做的一个道德裁定。曾经无所不能的华尔街金融财团的几近崩盘，以及对大量紧急援助的需求（以纳税人的利益为代价），看似毫无疑问地引发了人们对市场的重新思考。艾伦·格林斯潘（Alan Greenspan）作为美联储的主席，曾长期扮演市场必胜论信念的高级传教士。即便是像他这样的人后来也以"一种令人震惊的怀疑态度"承认，他对市场自我纠错力量的信心被证明是错误的。[19]《经济学人》杂志是一份积极推广市场信念的英国杂志，它当时的一期的封面上是一本正在溶解成泡沫的经济学教科书，标题则是"经济学到底出了什么问题"。[20]

市场必胜论的时代最终走向了毁灭。其后想必是一个道德清算的时代，即一个重新追问市场信念的时代。然而，事实却证明，社会并没有朝那个方向发展。

金融市场的惨烈失败并没有从整体上动摇人们对市场的信心。其实，相对于银行来说，这场金融危机破坏得更多的是政府的声誉。2011 年，多项调查表明，在美国面临的诸多经济问题上，美国公众谴责得更多的是联邦政府而非华尔街的各大金融机构——其比率高于 2∶1。[21]

这场金融危机将美国乃至全球的经济抛进了继 1929 年大萧条之后最糟糕的经济衰退中，并且让成千上万的人丢掉了工作。然而即便这样，它也没有使人们从根本上对市场问题进行反思。相反，它在美国导致的最显著的政治后果却是茶党运动[①]的兴起，然而茶党运动对政府的敌意及对自由市场的狂热，甚至会使当年的罗纳德·里根深感汗颜。2011 年秋，"占领华尔街运动"使得抗议者们在美国各大城市乃至世界各大城市频频集会。这些抗议者把矛头直指大银行和大公司的权力，以及日益加剧的收入和财富的不平等现象。尽管茶党与占领华尔街的激进主义分子在意识形态导向上存在差异，但是他们都对政

---

① 茶党运动是美国公众发起的一场反对奥巴马政府的经济刺激计划和医疗改革方案，主张政府要减小规模、缩减开支、降低税收、弱化监管的自下而上形成的社会运动。之所以命名为"茶党"，可以追溯到 1773 年为了反对英国政府对北美殖民地实行的不公平税收政策而引发的波士顿倾茶事件，其间，示威者打出的口号是"税收已经太多了"（Taxed Enough Already），而它的首字母组合在一起正是单词"TEA"（茶），由此"茶党"也就寓意着对苛捐杂税的抗争，乃至对现实的不满。——编者注

府采取紧急援助措施表达了一种民粹式的愤慨。[22]

除了这类抗议声音，关于市场角色和范围的严肃辩论在我们的政治生活中仍严重缺席。民主党人和共和党人，如其长期以来所做的那样，仍在对税收、政府支出、预算赤字等问题争论不休，只是现在的争论多了一点儿党派色彩、少了一些鼓舞或说服力而已。由于政治体制没有能力代理"公共善"，或者说，没有能力解决最为重要的问题，所以公民对这种政治体制越来越感到失望。

公共话语的这般窘况乃是开展关于市场道德局限之辩论的第二大障碍。在一个政治争辩主要由有线电视上的吵架比赛、广播讨论节目里党派性极强的谩骂和国会中意识形态性的扔食品大战组成的时代，很难想象人们会把一种关于这类颇具争议的道德问题的理性公共辩论视作评价生育、儿童、教育、健康、环境、公民资格及其他物品的正确途径。但是我相信，这样的辩论是可能的，而且会促使我们的公共生活焕发生机。

一些人认为我们怨怼的政治生活中有着太多的道德信念：太多的人太过深切、太过固执地信奉着他们自己的信念，还想把这些信念强加给其他所有人。我认为，这种看法误读了我们的窘境。美国政治的问题并不是有太多的道德争辩，而恰恰是争辩太少。美国的政治之所以过于激烈，是因为它在很大程度上是空洞的，即缺少道德和精神的内涵，而且它未能关注人们关注的那些重大问题。

当代政治的道德缺失有很多原因。其中之一就是试图将良善生活的观念从我们的公共话语中排挤出去。为了避免派系纷争，我们往往坚持认为，当公民进入公共场所的时候，他们应当将他们的道德信念和精神信念抛在脑后。尽管这种观点的意图是好的，但是不想把关于良善生活的争论纳入政治的做法却为市场必胜论和坚持信奉市场逻辑的做法扫清了障碍。

当然，市场逻辑也以其自身的方式把道德辩论从公共生活中排挤了出去。市场的部分吸引力就在于它并不对其所满足的偏好进行道德判断。市场并不追问一些评价物品的方式是否比其他方式更高尚或者更恰当。如果某人愿意花一笔钱来满足自己的性欲或者购买一个肾脏，而另一个同意此桩买卖的成年人也愿意出售相关服务或物品，那么经济学家问的唯一问题就是"多少钱"。市场不会指责这种做法，也不会对高尚的偏好与卑鄙的偏好加以区别。交易各方都会自己确定所交易的东西具有多大价值。

这种对价值不加道德判断的立场处于市场逻辑的核心位置，也在很大程度上解释了它为什么具有吸引力。但是我们不愿进行道德和精神争论，而且我们对市场的膜拜，已经使我们付出了高昂的代价：它逐渐抽空了公共话语的道德含义和公民力量，并且推动了技术官僚政治（管控政治）的盛行，而这种政治正在戕害当下的社会。

对市场道德局限性展开辩论，会使我们（作为一个社会）有能力确定市场服务于"公共善"的领域及市场不归属的领域。展开这种辩论还会通过允许各种彼此冲突的良善生活观念进入公共场所，使我们的政治具有生机。再者，这些辩论又将如何展开呢？如果你认为买卖某些物品会腐蚀或贬低它们，那么你肯定会相信一些评价这些物品的方式比其他方式更加适宜。腐蚀某种身份（例如父母身份或公民资格）的说法很难讲得通，除非你认为某些为人父母或者做一个公民的方式比其他的方式好。

与此类似的道德判断，构成了我们对市场进行若干限制的理由。我们不允许父母贩卖他们的子女，或者不允许公民出售自己的选票。坦率地讲，我们不允许这样做的原因之一就是道德判断。因为我们相信，售卖这些东西乃是在用一种错误的方式评价他们/它们，而且会形成不好的态度。

认真思考市场的道德局限性，使我们无法回避这些问题。它要求我们在公共领域中一起思考如何评价我们所珍视的社会物品。认为一种更具有道德意义的公共讨论（甚至在最好的情况下）会使人们对每个有争议的问题都达成共识，是愚蠢的。但是这种讨论将有助于形成一种更健康的公共生活。同时，它也会使我们更加明白，生活在一个一切都待价而沽的社会里，我们要付出什么代价。

当我们考虑市场道德问题的时候，我们首先会想到华尔街的各大银行及其不计后果的行径，也会想到对冲基金、紧急援助和政府调控改革。但是，我们在今天面临的道德挑战和政治挑战，却有着更为普遍和更为平常的性质——要重新思考市场在我们的社会实践、人际关系和日常生活中的角色和范围。

第 1 章

插队特权

没人喜欢排队等候。有时候你可以花钱插队。人们很早就知道，在高档饭店里只要给领班塞一笔可观的小费，便不用在晚餐人多时排队等候。这种小费有点儿像贿赂，因而只能悄悄地给。没有一家饭店会在窗户上贴出布告说，愿意给领班 50 美元的人可以立刻得到位子。然而，近年来，出售插队权利的现象已渐渐公开化，并且成了一种习以为常的做法。

快速通道

等候机场安检的长龙，使乘机旅行成了一件苦差事。但并不是所有人都必须在蛇形长队中等候。购买了头等舱或者商务舱机票的人可以走优先通道，先行通过安检。英国航空公司（British Airways）把这称为"快速通道"（Fast Track），这项服务还允许多花钱的乘客在护照和移民检查点插队。[1]

但是大多数人买不起头等舱的机票。因此，一些航空公司开始为经济舱旅客提供购买插队特权的机会。如果你多掏 39 美元，美国联合航空公司（United Airlines）就会为你提供从丹佛到波士顿的优先登机权，此外你还可以享受在安检点插队的特权。在英国伦敦，卢顿机场为乘客提供了一种更加实惠的快速通道选择方案：要么在长长的安检队列后面排队等候，要么花 3 英镑（约合 5 美元）排到队伍的前面去。[2]

评论家抱怨说，机场安检的快速通道不应当拿来出售。他们认为，安检是一项国防举措，而不是像飞机上的紧急门座位或者优先登机权那样的便利措施，所有乘客都应当平等承担让恐怖分子远离飞机的责任。航空公司则回应道，所有乘客都将接受同样严格的安检，只是等待的时间因乘客支付的费用不同而有差异。它们主张，只要所有人都接受同样的安检，那么在安检队列中插队便是它们应当可以自由出售的一项便利措施。[3]

游乐场也开始出售插队的权利。一直以来，为了享受最受欢迎的游乐项目和景点，游客总是得花好几个小时排队等候。现在，好莱坞环球影城和其他游乐场为游客提供了一种不用等候的做法：如果愿意支付大约两倍于一般票价的价钱，你就可以购得一张排到队伍最前面的通行证。与在机场安检点享有插队特权相比，优先享受《木乃伊的复仇》这一游戏有可能在道德上更令人可以接受。但是，一些观察家仍对这种做法表示了不满，认为它腐蚀了健全的公民习惯。一位评论家写道："过去，所有去主题公园度假的家庭都会按照公平的方式排队等候，而现在，对大家一视同仁的时代已经一去不复返了。"[4]

有趣的是，游乐场常常会掩饰它们所出售的特权。为了避免激怒普通游客，一些游乐场会领着它们的贵宾级客户从后门或者旁门进去，另一些游乐场则会派专人护送他们去插队。运用这种做法时的小心翼翼，表明了即使在游乐场里，花钱插队也有悖于这样一种理念，即公平意味着排队等候。但是好莱坞环球影城的售票网站却没有这么躲躲闪闪，它公开兜售价值149美元的队首通行证："凭此证可以排到队伍前面去，优先享受或观赏所有的游乐项目、表演和景点。"[5]

如果你厌恶游乐场的插队现象，那么你可以选择像帝国大厦这样的传统景点。你只要掏22美元（儿童票16美元），就可以乘坐电梯到达86层的观景台，尽览纽约市的壮丽景观。令人遗憾的是，这一景点每年都会吸引几百万名游客，而且有时候等候电梯要花几个小时。于是，帝国大厦现在也推出了自己的快速通道服务项目。每个人只要掏45美元，就可以买到一张快速通行证，可以在安检处和乘电梯时插队。掏180美元为一个四口之家购买快速登上观景台的特权似乎价格不菲，但是正如该售票网站所指出的："快速通行证是一个绝佳的机会，能让你不用排队便直达最美的景点，并且可以使你充分地利用你在纽约和帝国大厦的时间。"[6]

雷克萨斯专用道

在美国各地的免费公路上，人们也可以看到快速通道不断增多的趋势。越来越多的自驾出行者可以通过付费来躲开汽车长龙，使用高速运行的快速通道。此举始于20世纪80年代的"拼车专用道"。在美国，很多州都希望减少交通拥堵和空气污染的现象，于是它们为愿意合伙用车的人开设了快速通道。独自驾车者如果被发现使用了"拼车专用道",就会遭到巨额罚款。于是,一些司机在乘客座上放上充气娃娃,希望用此举骗过高速公路上的巡警。在电视喜剧片《抑制热情》(*Curb Your Enthusiasm*)的一集中,拉里·戴维(Larry David)用一种巧妙的方式最终买到了在"拼车专用道"上行驶的权利。有一天,他在去看洛杉矶道奇队的棒球比赛时遇到了交通堵塞。于是他雇了一个妓女,不是为了做爱,而是为了雇她拼车去体育场。果不其然,经过在"拼车专用道"上的疾驶,他顺利地在比赛开始前赶到了体育场。[7]

现在,很多驾车族不需要雇人拼车也可以做到这一点。在交通高峰时段,独自驾车者只要支付最多 10 美元就可以买到使用"拼车专用道"的权利。圣迭戈、明尼阿波利斯、休斯敦、丹佛、迈阿密、西雅图、旧金山等城市现在都在出售快速通行的权利。此项费用一般因交通状况而异:交通越拥堵,费用就越高。(在大多数地方,载有两名以上乘客的车辆仍然可以免费使用快速通道。)在洛杉矶东部的河畔高速公路的高峰时段,车辆在免费公路上只能以每小时 15~20 英里①的速度"爬行",而付费客户在快速通道上则能以每小时 60~65 英里的速度疾驶。[8]

一些人反对出售插队权利的主意。他们认为,快速通道项目的激增强化了富人的优势,而使穷人处于更为不利的境地。反对者把这种付费的快速通道称作"雷克萨斯专用道",并认为此举对一般收入的

---

① 1 英里约为 1.6 千米。——编者注

驾车族来说是不公平的。另一些人则不同意这种观点。他们认为，为快捷服务收取较高的费用没什么错。联邦快递公司会为次日送达服务收取额外费用。各地的干洗店也会为当日可取的服务收取额外费用。但是没有人抱怨，联邦快递加急投递你的包裹或者干洗店加急洗熨你的衬衣是不公平的。

对经济学家而言，排队购买商品和获得服务不仅是一种浪费，而且是低效的。这表明价格体系没有匹配好供需关系。让人们在机场、游乐场和高速公路上通过付费来获得快捷服务，就是通过让人们为自己的时间定价的方式来提高经济效率。

替人排队的生意

即使在不允许购买插队权利的地方，有时候你也可以雇人替你排队。每年夏天，纽约公共剧院都会在中央公园免费上演莎士比亚的戏剧。晚场演出的戏票在下午 1 点钟开始派发，但是人们却会在好几个小时之前就开始排队。2010 年，当著名演员阿尔·帕西诺出演《威尼斯商人》中的夏洛克时，门票尤其紧俏。

很多纽约人都很想看这场演出，但却没有时间排队。诚如《纽约每日新闻》所报道的，这种困境催生了一个小型产业——有人为那些愿意花钱买方便的人提供代为排队取票的服务。这些人在克雷格列表（Craigslist）网站和其他网站上宣传他们的这种服务。作为排队和漫长等候的酬劳，他们可以向无暇排队的客户索要（每张免费戏票）高达 125 美元的报酬。[9]

纽约公共剧院曾尝试阻止收费排队者的生意，声称"这种生意有悖于本院免费在中央公园上演莎翁戏剧的精神"。该公共剧院是一家由政府资助的非营利机构，其宗旨是让社会各界人士都能欣赏到伟大的剧目。时任纽约总检察长的安德鲁·科莫（Andrew Cuomo）向克雷格列表网站施压，要求它停止刊登关于代人领票和替人排队的服务的广告。他指出："兜售本应免费的戏票，剥夺了纽约人享受纳税人供养的机构所提供的福利的权利。"[10]

中央公园并不是唯一替人排队等候就可以赚到钱的地方。在华盛顿特区，替人排队的生意也迅速成为政府机构门前的一道风景。国会的各个委员会召开立法预案听证会时，会给媒体预留一些席位，余下的席位则按照"先到先得"的原则向公众开放。人们为了旁听这样的听证会可能需要提前一天或几天就开始排队，有时候还要在雨中或者严寒的冬季排队，当然这取决于听证会的议题和会场席位的数量。企业游说者们非常热衷于参加这些听证会，其目的是在听证会茶歇的时候与立法者攀谈，了解对其行业有影响的立法的情况。但是游说者们不愿意为了得到一个位子而花好几个小时去排队。他们的解决办法是：支付数千美元给专业的排队公司，使其雇人替他们排队。

排队公司招募退休人员和信差，并且越来越多地雇用无家可归者，让他们在严寒酷暑中为他人排队占座。替人排队者起先是排在大楼外面，尔后随着队伍的前移，他们慢慢地进入国会办公大楼的大厅，排在听证室的外面。听证会快开始时，衣着考究的游说者们纷纷赶到，同衣衫褴褛的替人排队者交换位置，然后确认他们在听证室里的席位。[11]

排队公司向游说者们收取每小时 36~60 美元的服务费，这意味着得到国会委员会听证会的一个旁听座位，至少要花费 1 000 美元。替人排队者个人拿到的酬劳是每小时 10~20 美元。《华盛顿邮报》发表社论反对这一做法，称此举不仅"有辱"国会的尊严，也是"对公众的藐视"。密苏里州民主党参议员克莱尔·麦卡斯基尔（Claire McCaskill）曾试图禁止这种做法，但却无功而返。她说："那种认为特殊利益集团可以像买票听音乐会或者看橄榄球赛一样买到国会听证会的旁听席位的想法，让我感到愤慨。"[12]

这种生意最近还从美国国会扩展到了美国最高法院。当最高法院就重大宪法案件举行口头辩论听证会时，人们很难进入现场旁听。但是如果你愿意花钱，那么你可以雇一个人替你排队，从而得到美国最高法院听证会的前排座位。[13]

一家叫"替人排队网"（LineStanding.com）的公司把自己称作"国会排队界的领头羊"。当参议员克莱尔·麦卡斯基尔提议通过立法来禁止这种做法的时候，这家网站公司的老板马克·格罗斯（Mark Gross）则为这种做法进行了辩护。他将排队比作福特公司流水线上的劳动分工："生产流水线上的每名工人都要对自己特定的工作负责。"游说者擅长出席听证会并"分析所有的证词"，参议员和众议员擅长"做出明智的决策"，而替人排队者则擅长排队等候。格罗斯说："劳动分工使美国成为一个工作的好地方。替人排队看上去像一种怪异的做法，但在自由市场经济中，它从根本上讲却是一种本分且正当的工作。"[14]

职业替人排队者奥利弗·戈梅斯（Oliver Gomes）赞同上述观点。

做这份工作之前，他住在一家流浪汉庇护所里。当他为一名参加气候变化问题听证会的游说者排队时，美国有线电视新闻网（CNN）的记者采访了他。戈梅斯告诉记者："坐在国会大厅里让我感觉好一些。这提升了我，让我感觉自己也许就属于这里，也许我可以在这个微小的方面做出一些贡献。"[15]

但是，给戈梅斯这样的人机会，意味着一些环保主义者可能会失去机会。当一些环保主义者打算参加有关气候变化问题的听证会时，他们可能连门都进不去，因为游说者雇来的替人排队者早已占据了听证会所有开放的席位。[16]当然，也会有人争辩说，如果环保主义者真的想参加这场听证会，那么他们自己也可以熬夜来排队。或者，他们也可以雇用无家可归者来为他们排队。

倒卖门诊号

有偿替人排队不是美国特有的现象。近期，我在访问中国的时候听说，替人排队业务在北京的顶级医院里也已是一种司空见惯的现象。在中国，农村的病人会千里迢迢前往首都的各大公立医院，在挂号大厅里排起长队。他们熬夜排队，有时候要排上好几天，就是为了能够挂上号看上病。[17]

一个门诊号很便宜，只要14元（约2美元），但是却很难购到。一些急于挂上号的病人，不是日夜排队，而是从黄牛那里买挂号单。黄牛们从供需关系的巨大缺口中挖掘出了商机。他们雇人排队挂号，然后把挂号单以数百美元的价格（高于一个普通农民几个月的收入）

转手。特需专家门诊号的价格尤其昂贵——黄牛们似乎把这种挂号单当成了世界职业棒球联赛的包厢票来兜售。《洛杉矶时报》描绘了北京一家医院挂号大厅外黄牛们兜售门诊号的场景:"唐大夫! 唐大夫! 谁想要唐大夫的挂号单? 风湿免疫科的!"[18]

倒卖门诊号的做法有些可恶。这种做法首先奖励了可恶的黄牛党,而不是提供医疗服务的医生。唐大夫完全有理由质问,如果一个风湿免疫科门诊号值 100 美元,那么大部分钱为什么应该归黄牛党所有,而不是归他或者他的医院所有。经济学家可能会赞同并建议医院提高挂号费。事实上,北京的一些医院已经增设了特需窗口,在那里,挂号费更贵、排队等候的人更少。[19]医院的这种高价门诊号窗口,就像游乐场无须排队等候的优先通行证或机场的快速通道一样,是为付费插队提供的一个机会。

但是,不管是黄牛党还是医院从这种供不应求中获利,通往风湿免疫科的快速通道都给我们提出了一个更为基本的问题:难道仅因为一些患者支付得起额外的价格,他们就可以插队看病吗?

北京医院的特需挂号窗口和黄牛党以非常生动的方式给我们提出了这一问题。但是我们也可以对美国越来越普遍的更为精妙的插队行为——"特约"医生的兴起——提出上述问题。

特约医生

虽说美国的医院里没有挤满黄牛党,但是去看病常常还是要等很久。你需要提前几周、有时候几个月预约医生。当你如约就诊时,你还需要在候诊室等很久，而这一切只是为了能够匆匆地和医生会面 10 或 15 分钟。造成这种情况的原因是：保险公司不会为日常的门诊治疗付给初级诊疗医生很多钱。为了过上体面的生活，每个内科医生通常至少要有 3 000 个病人，每天要匆匆接诊 25~30 个预约病人。[20]

许多病人和医生都对这种制度安排感到沮丧，因为在这种制度安排下，医生几乎没有时间去了解病人的病情或回答病人的问题。于是，现在越来越多的医生开始为病人提供一种更为贴心的服务，即"特约医疗"。就像五星级酒店礼宾部的侍应生一样，特约医生为病人提供全天候的服务。缴纳年费（1 500~25 000 美元）的病人可以当日就诊或次日就诊，无须等候，充分问诊，全天 24 小时可通过电子邮件或者手机联络到医生。如果你需要咨询一位顶级专家，那么你的特约医生会帮你搞定一切。[21]

为了提供这种贴心服务，特约医生大幅削减了他们原来接诊病人的数量。那些决定将其一般业务转为特约医疗服务的医生会给他们的现有病人发一封信函，让他们做出选择：要么缴纳年费来享受新的无须等待的服务，要么另找医生。[22]

成立最早的、收费最贵的特约医疗服务机构之一，是 1996 年成立于西雅图的 MD^2（MD Squared）公司。对缴纳年费（个人年费为 15 000 美元、家庭年费为 25 000 美元）的个人，该公司承诺可以使他"绝对、无限和排他性地享有私人医生的服务"。[23] 每位医生只为 50 个家庭服务。正如该公司在其网站上解释的："我们提供的是周到、高档的服务，因此我们只能为少数精挑细选的客户提供服务。"[24]

《城市与乡村》（*Town & Country*）杂志上的一篇文章报道说，MD² 的候诊室"更像丽思卡尔顿酒店的大堂，而不像医生的门诊室"。但是，即便如此，也没有几个病人去那里看病。大部分去那里看病的人是"首席执行官和企业主，他们不想花时间去诊所看病，而喜欢在家里或办公室这样的私密环境中接受治疗"。[25]

其他一些特约服务机构则为中上层人士服务。MDVIP 是一家总部设在佛罗里达州的营利性特约服务连锁公司。它收取 1 500~1 800 美元的年费，提供当日就诊和即时服务（全天候热线服务），并且接受由医保支付常规医疗项目的做法。由于加盟这家连锁公司的医生把其病人数量削减到了 600，所以医生可以有更多的时间为每一位病人看病。[26] 这家公司向病人承诺，他们"在看病时无须等待"。《纽约时报》报道说，MDVIP 在博卡拉顿的候诊室里摆放了水果沙拉和海绵蛋糕。但是，由于几乎没有病人等候看病，所以候诊室里的食品也常常无人问津。[27]

对特约医生和付费客户来说，医疗就应该像特约医疗这样。医生每天只看 8~12 个病人，而不是 30 个病人，而且他们的收入仍可以远超同行。加盟 MDVIP 的医生可以得到客户所缴年费的 2/3（公司得到 1/3）。这意味着，如果一个医生有 600 个病人，那么光算年费，一年他就至少有 60 万美元入账，这还不算保险公司赔付的金额。对支付得起这种服务年费的病人来说，时间充裕的会诊和全天候的医疗服务乃是一种值得花钱享受的奢侈品。[28]

当然，特约医疗服务的缺点是它只为少数病人服务，而将大多数病人推到了其他医生原本已经拥挤不堪的患者队列中。[29] 因此，它招致与那种反对所有快速通道项目的观点一样的反对意见：特约医疗服务对那些仍滞留在拥挤行列中受罪的人来说是不公平的。

倒卖门诊号和特约医疗服务这两种做法有一个共同点，那就是二者都使得富人可以在享受医疗服务时插队。插队行为在北京比在博卡拉顿更加显得明目张胆。北京各大医院挂号厅里拥挤不堪、人满为患，而博卡拉顿候诊室中摆放的海绵蛋糕却无人问津；前者的异常喧嚣与后者的安静似乎构成了两个截然不同的世界。但那只是因为当享受特约医疗服务的病人按约赴诊时，他们已经通过付费的方式悄悄地完成了插队。

市场逻辑

我们在上面所讨论的这几种情形都刻有我们这个时代的印记。在机场和游乐场，在国会走廊和医生的候诊室，"先到先得"的排队伦理正在被"花钱即得"的市场伦理取代。

而这种转变反映了某个更大的问题，即金钱和市场越来越侵入此前由非市场规范调控的各个生活领域。

出售插队权并不是这种趋势中最严重的例子。但是，认真思考替人排队、倒票或倒卖门诊号和其他插队形式的对错，可以帮助我们窥见市场逻辑的道德力量和道德局限。

雇人排队、倒票或倒卖门诊号有什么错吗？大多数经济学家认为没有错。他们对排队伦理没有给予太多同情。他们问道：如果我想雇用一个无家可归者替我排队，为什么其他人应当抱怨呢？如果我愿意转售我的票或门诊号，而不是使用它，为什么其他人应当阻止我这么做呢？

赞同市场伦理压倒排队伦理的观点有两个。一个是关于尊重个人自由的观点，另一个是关于福利或社会效用最大化的观点。第一种是自由至上论的观点。它主张，人应当有自由按照自己的意愿买卖任何东西，只要他们没有侵犯其他人的任何权利。自由至上论者反对禁止倒票或倒卖门诊号的法律，其理由与他们反对禁止卖淫或禁止买卖人体器官的法律的理由是一样的：他们认为，这样的法律通过干涉成年人的选择而侵犯了个人自由。

支持市场伦理的第二种观点是经济学家更为熟悉的功利主义。它认为，市场交换会惠及买卖双方，因而可以改善我们的集体福利或社会效用。我和替我排队的人达成交易这个事实，证明我们在结果上都是受益者。只需要支付 125 美元而无须排队等候就可以看到莎士比亚戏剧肯定会使我受益，否则我不会雇人替我去排队。排几个小时队赚得 125 美元也肯定会使替人排队者受益，否则他就不会接这份活儿。我们俩因为我们的交换而在结果上都获得了好处，因而我们的利益也都增加了。这就是经济学家说的自由市场有效分配物品的意义所在。通过允许人们进行互惠的交易，市场把物品分配给了那些最珍视这些物品价值的人，而衡量的标准便是他们的支付意愿。

我的同事格里高利·曼昆是一位经济学家，他是美国使用最广泛的经济学教科书之一的作者。他用倒票的例子阐明了自由市场的优点。他首先解释说，经济效率意味着以"社会中每个人的经济福利"都得到最大化的方式来分配物品。然后他又指出，自由市场帮助实现这个目标的方式是："将物品分配给那些最珍视这些物品价值的购买者，而衡量的标准便是他们的支付意愿。"[30] 让我们考虑一下黄牛党的情形："如果经济要有效地配置其稀缺资源，那么物品就必须被分配给那些最珍视其价值的消费者。倒票就是市场如何达到有效结果的一个例证……通过索要市场可以承受的最高价格，黄牛党有助于确保那些有最大意愿付费购票的消费者真正拿到票。"[31]

如果自由市场的观点是正确的，那么票贩子和替人排队公司就不应当因为违反排队伦理而受到指责；相反，他们应当受到赞扬，因为他们把价格被低估的物品送到了那些最愿意出价购买它们的人手里，从而提高了社会效用。

市场伦理与排队伦理

那么，赞同排队伦理的依据又是什么呢？人们为什么要设法驱逐纽约中央公园或者国会山的那些收费排队者和票贩子呢？在中央公园负责莎士比亚戏剧演出的纽约公共剧院的发言人给出了如下理由："这些人抢走了那些渴望去中央公园观看莎士比亚戏剧的人的位子和门票。我们想让人们拥有免费观看伟大戏剧的体验。"[32]

这个观点的第一部分存在缺陷。受雇的替人排队者并没有减少观看演出的人数，只是改变了观看演出的人的构成。诚然，正如该发言人所宣称的，如果替人排队者不拿走这些门票，那么排在队列末尾的很想观看这场演出的人就可以拿到这些票。但是，那些最终拿到这些票的人也很想观看这场演出，所以他们才花 125 美元雇人替他们排队。

这个发言人很可能是想说，对那些掏不起125美元的人来说，倒票行为是不公平的。倒票把普通民众置于不利的境地，使他们更难得到门票。这是一个更有力的论点。当替人排队者或黄牛拿到一张票的时候，某个排在他后面的人就可能因为出不起票贩子的要价而拿不到票。

自由市场的倡导者可能会这样回答：如果剧院真心想让渴望观看这场演出的人进场看戏并使演出带来的快乐和愉悦最大化，那么剧院就应当让那些最珍视演出价值的人得到门票。这些人就是乐意出最高价钱来购票的人。因此，让那些能够从观看这场演出中获得最大快乐的观众进场观看演出的最好办法，就是由自由市场去运作——要么以市场能够承受的任何价格售票，要么允许替人排队者和黄牛把票卖给出价最高的竞购者。让那些愿意出最高价钱购票的人得到门票，乃是确定谁最珍视莎翁戏剧的最好办法。

但是这个论点无法让人信服。即使你的目的是使社会效用最大化，自由市场在这个方面也并不比排队更可靠。其原因就在于，购买一种物品的意愿并不能证明谁最珍视这种物品。这是因为市场价格不仅反映了顾客的购买意愿，也反映了顾客的购买能力。那些最想观看莎翁戏剧或波士顿红袜队比赛的人，也许买不起门票。而且在某些情形中，那些花最高价钱买票的人根本不珍视这样的观看体验。

比如，我注意到，那些坐在棒球场昂贵席位上的人经常迟到、早退。这让我怀疑他们到底有多重视棒球比赛。他们购得本垒板后面的座位的能力，有可能更多是与他们的钱袋大小有关，而与他们对棒球比赛的热情无关。他们肯定没有一些球迷那么重视棒球比赛，尤其是那些年轻的球迷——尽管买不起昂贵的包厢票，但是却能够说出首发阵容中每个球员的平均击球率。由于市场价格既反映了顾客的购买意愿又反映了顾客的购买能力，所以它们并不是完整衡量谁最珍视某个特定物品的指标。

这是一个为人们所熟知的观点，甚至是一个显而易见的观点。但是它却对经济学家所谓的市场永远比排队更能够把物品分配给最珍视它们的人的观点提出了疑问。在某些情形中，排队的意愿——为了得到剧院门票或棒球比赛门票——也许比掏钱的意愿更能表明谁是真的想观看演出或球赛。

为倒票辩护的人抱怨说，排队"偏爱那些最有闲暇时间的人"。[33]这个说法有一定道理，但只是在市场"偏爱最有钱的人"这个意义上而言的。市场按照顾客的购买能力和购买意愿来分配物品，而排队则根据排队的等候能力和等候意愿来分配物品。因而我们没有理由假设，与排队等候的意愿相比，购买物品的意愿是衡量该物品对一个人的价值的更好尺度。

因此，赞同市场伦理优于排队伦理的功利主义观点是高度不确定的。有时候，市场确实把物品分配给了最珍视它们的人；在另一些时候，排队可以做到这一点。在任何给定的情形中，市场和排队，哪个在这个方面做得更好乃是一个经验问题，而不是一个通过抽象的经济推理就可以事先得到解决的问题。

市场和腐败

然而，赞同市场伦理优于排队伦理的功利主义观点，还会招致一个更深层的、更基本的反对意见：功利主义的考量并不是唯一重要的。特定物品在某些方面具有的价值超出了它们给个体买方和卖方带来的利益。一个物品的分配方式，有可能是使其成为某种物品的因素之一。

下面让我们重新思考一下纽约公共剧院在夏季免费演出莎翁戏剧的问题。该剧院的发言人在解释剧院为什么反对受雇替人排队这种做法时说，"我们想让人们拥有免费观看伟大戏剧的体验"。但是，为什么呢？如果门票被倒卖，免费观剧的体验又会在多大程度上被剥夺呢？当然，对那些想观看演出却无力购票的人来说，这样的体验是被剥夺了。但是在这里，受到侵害的不只是公平。当免费的公共戏剧变成市场中的一件商品的时候，某种特别重要的东西也就丢失了，而这种东西比那些买不起高价票的人所体验到的失落更重要。

纽约公共剧院把它在户外的免费演出视作公众节日——一种市民的庆典。可以这么说，它是这个城市给自己的一件礼物。当然，观看演出的座位是有限的，整个城市的市民不可能在一个晚上都来观看戏剧。但是剧院的想法是让大家都可以免费观看莎翁戏剧，而不考虑其是否具有支付能力。从本应是礼物的活动中收取入场费或允许黄牛倒票，都是有违其初衷的。这种做法把公众节日变成了一笔生意，即一种图谋私利的工具。这就好比该城市让人们在 7 月 4 日美国国庆日付钱观看烟火表演一样。

类似的考量也可以用来解释在国会山付钱雇人排队错在何处。一种反对意见是关于公平的：富有的游说者们垄断了国会听证会的市场，从而剥夺了普通民众参加听证会的权利，这显然是不公平的。然而参加国会听证会的不公平，并不是这种做法唯一令人讨厌之处。假设游说者们雇用排队公司的做法会被征税，而且此项收益会被用来使普通民众也享受得起其他人替他们排队的服务（这种补贴也许可以采用抵用券之类的形式，普通民众可以将其拿到排队公司以一定折扣率兑换成现金使用），这种方案也许能够减少现行做法中的不公平成分。但是，即便如此，它也仍会招致一个更深层的反对意见：把参加国会听证会这件事情变成一种可售商品，是对国会的侮辱和贬低。

从经济学的角度来看，允许人们免费参加国会听证会的做法"低估"了国会听证会这一"物品"的价值，从而导致出现排队现象。替人排队的行业通过确立市场价格的方式修正了这种低效率的状况。它把听证室的座位分配给了愿意出最高价的人，但是这种做法却是在用一种错误的方式对代议制这一"物品"进行估价。

如果我们追问国会为什么一开始就对参加听证会"估价过低"，那么我们就能把这个问题看得更加清楚。假设为了减少国债，国会决定收取听证会门票，比如，1 000美元可以获得拨款委员会听证会上的一个前排座位，那么许多人都会反对这种做法，这不仅是因为入场费对于那些无力购买入场券的人不公平，也是因为向公众收取参加国会听证会的费用乃是一种腐败行径。

我们时常把腐败与非法所得联系起来。然而，腐败远不只是指贿赂和非法支付。腐蚀一件物品或者一种社会惯例也是在贬低它，也就是以一种较差的评价方式而不是适合它的评价方式来对待它。国会听证会收取入场费的做法就是这种意义上的腐败。这种做法把国会看成一家企业，而非一个代议机构。

愤世嫉俗者可能会回答说，国会早已成为一家企业，因为它常常把影响力和恩惠出售给特殊利益集团。那为什么不公开承认这点并收取费用呢？答案是：游说、以权谋私及内部交易这些已然困扰国会的现象也是各种腐败的实例。它们反映了政府在公共利益方面的堕落。在任何对腐败的指控中，都会涉及有关一个机构（此处是国会）所正当追求的目的和目标的观念。在国会山替人排队的生意，即游说行业的一种延伸，就是这种意义上的腐败。它并不违法，付款也是公开进行的，但是它却因为把国会当作谋获私利的摇钱树而非实现"公共善"的工具，而贬低了国会。

倒票有什么错

为什么一些付费插队、替人排队和倒票的行为会令我们讨厌，而另一些这样的做法却不会呢？其原因是市场价值观对某些物品具有腐蚀性，但却适用于其他一些物品。在我们决定一件物品应当由市场、排队或者其他某种方式来分配之前，我们必须先确定该物品的性质及人们在评价这件物品时应当采用的方式。

把这个问题弄清楚并不总是一件容易的事情。让我们考虑一下最近3起由"低估"物品引起倒票的案例：一是约塞米蒂国家公园的露营地，二是教皇本笃十六世举行的露天弥撒，三是布鲁斯·斯普林斯汀的演唱会。

倒卖约塞米蒂国家公园露营地的门票

加利福尼亚的约塞米蒂国家公园每年都会吸引至少400万名游客

前来。那里大约有 900 个主要的露营地可以提前预订，每晚象征性地收取 20 美元。人们可以通过电话或网络进行预订，每月 15 日上午 7 点开始，最早可以提前 5 个月预订，但仍一票难求。这方面的需求太大，尤其是夏季，因此在预订刚开始的几分钟内，露营地的门票就会被预订一空。

然而，2011 年《萨克拉门托蜜蜂报》(*The Sacramento Bee*) 的一篇报道称，票贩子以 100~150 美元一晚的价格在克雷格列表网站上出售约塞米蒂国家公园露营地门票。一直禁止倒票的国家公园管理局接到了如洪水般对黄牛的投诉，于是它设法制止黄牛的不正当交易。[34] 根据规范的市场逻辑，我们不明白国家公园管理局为什么要这么做：如果国家公园管理局想把约塞米蒂国家公园为社会提供的福利最大化，那么它就应当使那些最珍视露营体验的人享用这些露营地，而珍视的程度应当根据人们付费的意愿来定。就此而言，国家公园管理局应当欢迎黄牛，而不是试图驱逐他们。或者，国家公园管理局应当把约塞米蒂国家公园露营地的门票价格提高到市场出清的价格，以消除超额需求。

然而，公众对倒卖约塞米蒂国家公园露营地门票的行为十分愤怒，他们拒绝了这种市场逻辑。披露这一事件的《萨克拉门托蜜蜂报》为此发表了一篇社论，以"黄牛侵袭约塞米蒂国家公园：还有什么东西是神圣的吗？"为大字标题，对黄牛进行了谴责。它把倒票行为视作一种应予以制止的骗局，而不是一项有益于社会效用的服务。这篇社论指出："约塞米蒂国家公园的奇观属于我们所有人，而不只属于那些付得起额外价钱给票贩子的人。"[35]

在人们敌视倒卖约塞米蒂国家公园门票行为的背后，实际上有两种反对意见：一种关乎公平，另一种则是关于评价一个国家公园的适当方法的。第一种反对意见担忧的是：倒票对一般收入阶层的人而言是不公平的，因为他们无力支付每晚150美元的露营地门票。第二种反对意见隐含在《萨克拉门托蜜蜂报》社论所提出的反问中（"还有什么东西是神圣的吗？"）。它提出了这样一个观点：有些东西是不应当拿来估价出售的。根据这个观点，国家公园不只是使用的对象或社会效用的来源。它是有着自然奇观和美景、值得人们欣赏甚至敬畏的地方。黄牛兜售这种地方的门票似乎是对美的一种亵渎。

兜售教皇弥撒的门票

另一个市场价值观与神圣的事物相冲突的案例是：当教皇本笃十六世首次访问美国时，人们对他在纽约和华盛顿特区的露天体育场举办弥撒的门票的需求，远远超过了这些体育场所能提供的席位数量，甚至洋基体育场也无法满足这样的需求。免费门票在天主教主教教区和地方教区分发。这不可避免地导致了倒票行为——一张门票在网上至少卖到了200美元。于是，教会官员对这种行为进行了谴责，其理由是，参加宗教仪式的门票不应当被拿来买卖。教会的一位女发言人说："不应当有门票市场。你不能花钱庆祝圣典。"[36]

那些从黄牛手中买到门票的人也许不会赞同这个观点。他们成功地买到了门票并庆祝了圣典。但是我认为，教会那位女发言人试图表明的乃是一个不尽相同的观点：尽管通过从黄牛手中购票有可能参加教皇的弥撒活动，但是如果这样的体验是可以被定价出售的，那么这场圣典的精神也就被玷污了。把宗教仪式或自然奇观当作可以买卖的商品，乃是一种大不敬。把圣事变成获利的工具，是在用一种错误的方式评价它们。

斯普林斯汀演唱会的门票市场

但是，当碰到部分是商业因素而部分是其他因素的事件时，我们又当如何看待呢？2009 年，布鲁斯·斯普林斯汀在他的家乡新泽西州举办了两场演唱会。他把最高票价定为 95 美元，尽管他本来可以把票价定得更高，演出也仍会场场爆满。斯普林斯汀的这一限价行为导致了猖獗的倒票行为，也使他损失了一大笔钱。在滚石乐队近期的巡回演唱会中，最好的座位票已经被卖到了 450 美元一张。那些研究过斯普林斯汀此前演唱会票价的经济学家发现，由于收取的票价低于市场价格，所以他那一个晚上就损失了约 400 万美元的收入。[37]

那么，为什么他不按照市场价格收费呢？对斯普林斯汀而言，保持门票价格相对便宜乃是他对其工薪阶层粉丝恪守承诺的一种方式，也是他理解自己演唱会的一种方式。诚然，演唱会是用来赚钱的，但赚钱只是一部分。它还是一个庆祝活动，其成功与否取决于广大观众的构成和他们的特征。演唱会不仅由歌曲构成，也是由表演者与听众之间的关系，以及他们聚集在一起的精神构成的。

在《纽约客》杂志上一篇关于摇滚音乐会经济的文章中，约翰·西布鲁克（John Seabrook）指出，演唱会并不完全是一种商品，因而把它们当成商品实在是贬低了它们："唱片是商品，演唱会则是社交活动。试图把现场体验当作商品，你就有可能毁掉这种体验。"

他引用阿兰·克鲁格（克鲁格是一名经济学家，研究过斯普林斯汀演唱会门票的定价方法）的观点说："摇滚音乐会还具有一种更像是派对而不是商品市场的因素。"克鲁格解释说，斯普林斯汀演唱会的门票不只是一种商品，它在某些方面还是一种礼物。如果斯普林斯汀索取市场所能承受的最高价格，那么他将破坏自己与粉丝之间的关系。[38]

一些人可能认为这只是一种公关，是一种放弃一些眼前收益从而保护声誉并将长期收益最大化的策略，但这不是理解它的唯一方式。斯普林斯汀可能相信，也有理由相信，把他的现场演出当作一种纯粹的商品会贬低它，也就是用一种错误的方式来评价它。至少在这一方面，他与罗马教皇本笃十六世也许有着某种共同之处。

排队伦理的适用场合

我们已经讨论了若干种付费插队的方式：雇人排队、从黄牛手中购票，或者直接从诸如机场或游乐场购买插队特权。上述每一种方式都用市场伦理（付钱获取快速服务）取代了排队伦理（依序等候）。

市场和排队——付费和等候——是两种不同的物品分配方式，而且各自适合不同的事情。排队的伦理"先到先得"有一种平等主义的诉求。它要求我们至少基于某些目的忽视特权、权力和经济实力。我们像孩子一样被训诫："依序等候，不要插队。"

这一原则似乎不仅适用于操场和公交车站，也适用于剧院或棒球场的公共厕所。我们厌恶在排队时有人插到我们前面。如果有人因急需而请求插队，那么大多数人都会乐意成全他。但是，如果某个排在队伍后面的人拿 10 美元与我们调换位置——或者如果管理者在免费厕所旁为富有者（或有急需的顾客）设置快速付费厕所，那么我们就会认为这种做法很怪异。

但是排队伦理并不适用于所有场合。如果我要出售我的房子，我就没有义务仅仅因为某个报价是第一个向我提出的而接受它。出售我的房子和等候公交车是不同的事情，它们应当遵循不同的规范。我们没有理由假定，某项原则——无论是排队原则还是付费原则——应当决定对所有物品的分配。

有时候规范会发生变化，人们也弄不清楚究竟哪项原则应当处于支配地位。想一想你在打电话给银行、医保机构或有线电视供应商并等候它们接听你的电话时听到的反复播放的录音信息："您的电话将按照我们接收到的顺序依次得到应答。"这就是排队伦理的本质，就好像这家公司正在努力用公平这种安慰物品来舒缓我们的不耐烦。

但是不要把那种录音信息太当回事。如今，一些人的电话会比另一些人的电话更快接通，你可以把这叫作电话插队。有越来越多的银行、航空公司和信用卡公司给它们最优质的客户提供特殊的电话号码，或者把他们的电话转接到精英客服中心，让他们能迅速接听。呼叫中心技术的发展使得公司能够"分辨"来电，并为那些来自富人区的电话提供更快捷的服务。达美航空公司曾提议给经常搭乘飞机的乘客提供一项额外待遇（尽管存有争议）：多花 5 美元就可以与在美国的客服代理人通话，而不是被转接到一个位于印度的呼叫中心。但是达美航空公司的这项建议遭到了公众的反对，最后它只得放弃。[39]

先接听你最优质（或最有潜力）的客户的电话有什么错吗？这取决于你售卖的物品的性质。他们打电话来是咨询透支费还是咨询阑尾切除术的？

当然，市场和排队并不是唯一的分配物品的方法。一些物品是根据产品优劣进行分配的，另一些物品是根据人们的需要进行分配的，还有一些则是根据抽签或运气来进行分配的。大学通常会录取最有天赋和最有潜力的学生，而不是那些最早提出申请或是为了一个新生名额付钱最多的学生。医院的急诊室是根据病人病情的紧迫性，而不是根据他们到达的先后顺序或他们支付额外费用的意愿来对待病人的。陪审团成员的选择是随机的。如果你被选上，你就不能雇用他人来代替你。

市场取代排队和其他分配物品的非市场方式的趋势，已遍及现代生活的方方面面，以至于我们几乎不会注意到它。需要特别强调的是，我们之前谈到的在机场、游乐场、莎士比亚戏剧节、国会听证会、呼叫中心、诊所、免费高速公路、国家公园等场所的大多数付费插队做法，都是近期发生的事情，而在 30 年前，这几乎是无法想象的。关注排队或排队伦理在上述方面消失的问题似乎有点儿小题大做，但是我想指出的是，市场或市场伦理侵入的并不只是这些地方。

第 2 章

激励措施

用金钱换节育

　　每年都有成千上万名染上毒瘾的母亲生下婴儿。其中的一些婴儿生来就有毒瘾，而且其中的大多数婴儿都会遭到虐待或遗弃。芭芭拉·哈里斯（Barbara Harris）是一家总部位于北卡罗来纳州、被称作"预防项目"的慈善机构的创建者，她对此提出了一项基于市场的解决方案：如果患上毒瘾的妇女实施节育措施或长时间控制生育，那么她们每个人就可以得到 300 美元现金。自她于 1997 年启动这个项目至今，已有 3 000 多名妇女接受了她的建议。[1]

　　评论家认为这个项目"应当受到道德的谴责"，因为它是一种"用金钱换节育的贿赂做法"。他们主张，用金钱诱惑毒瘾患者使她们放弃生育能力，无异于强迫；当这个项目的目标指向的是那些生活在贫困地区的无助妇女的时候，情形就更是如此了。评论家抱怨说，金钱并没有帮助接受者戒掉毒瘾，反而是在资助她们吸毒。正如该项目的一张传单上所写的："不要让怀孕破坏你的毒瘾。"[2]

哈里斯承认，她的客户大都用那些钱去买了更多的毒品。但是她相信，为了避免孩子生下来就有毒瘾，这样做只是个很小的代价。一些用节育换现金的妇女实际上已怀孕十多次，很多妇女也已将多个孩子交由他人代养。哈里斯问道："是什么使得一个妇女的生育权利比一个孩子拥有正常生活的权利更为重要？"当然，她是从经验的角度来谈这个问题的。她和她的丈夫已收养了一位染上毒瘾的洛杉矶妇女所生的 4 个孩子。"我要竭尽全力去防止婴儿遭受痛苦。我认为任何人都没有权利把自己的毒瘾强加给另一个人。"[3]

2010 年，哈里斯把她的这个激励计划带到了英国。在那里，这种用金钱换节育的想法遭到了报刊媒体的强烈批判（《每日电讯报》上的一篇文章把它称作一项"令人毛骨悚然的计划"），同时也遭到了英国医学会的强烈反对。尽管如此，大胆的哈里斯还是把她的计划推广到了肯尼亚。在那里，她支付给已染上 HIV（艾滋病病毒）的妇女每人 40 美元，要求她们在子宫内安放一种可以长期节制生育的避孕环。在哈里斯下一步打算去的肯尼亚和南非，卫生部门的官员和人权倡导者们都对她的计划表达了愤慨和反对。[4]

从市场逻辑的角度看，我们并不清楚为什么这项计划会引起人们的愤慨。尽管一些评论家说这项计划让他们想起了纳粹的优生学，但是"用金钱换节育项目"却是私人之间自愿达成的一种协议。这里并没有涉及国家问题，也没有人是在违背其意志的情况下被节育的。一些人争辩称，在那些极需金钱的吸毒者可以轻易得到钱的时候，她们并不能进行一种真正自愿的选择。但是哈里斯却对此回应说："如果她们的判断力真的严重受损，那么我们又如何能够指望她们在养育孩

子的问题上做出明智的决定呢？"⁵

我们可以把这种交易看成一种市场交易，因为它使双方都获得了益处，并且增加了社会效用。吸毒者得到了300美元，交换条件是她放弃生育孩子的能力。通过支付300美元，哈里斯和她的组织得到了这样一个保证，即吸毒者不会在未来生育有毒瘾的孩子。根据标准的市场逻辑，这种交易在经济上是有效的。它把物品——在这个事例中是指对吸毒者生育孩子能力的控制——分配给了那个愿意为此支付最高价格，因而被认为是最珍视其价值的人（哈里斯）。

那么，为什么人们还要对此深感愤怒呢？这里有两个原因，它们合在一起共同阐明了市场逻辑的道德局限。一些人批评用金钱换节育的交易是强制性的，而另一些人则认为这是一种贿赂。实际上，这是两种截然不同的反对意见。这两种反对意见分别给出了不同的理由，都反对市场侵入它并不属于的地方。

反对强迫的意见所担忧的是，当一个染上毒瘾的妇女同意为了金钱而进行节育的时候，她并不是自由地做出这个选择的。尽管没有人拿枪指着她的头，但是金钱的诱惑却足以让她无法抗拒。由于她有毒瘾且在大多数情形下极为贫困，所以她用节育换取300美元这个选择有可能并不是她真正自由地做出的。她实际上有可能会因为她的处境而受到强迫。当然，人们会对什么诱惑（在什么情形之下）可等同于强迫的问题持有不同看法。于是，为了评估市场交易的道德状况，我们就必须追问这样一个前提性问题：市场关系在哪些条件下反映了选择自由，而又在哪些条件下施加了高压？

反对贿赂的意见与上面的反对意见不同。它所关注的并不是交易的条件，而是被拿来买卖的物品的性质。让我们来看看典型的贿赂个案。如果一个不择手段的人贿赂法官或政府官员以谋取某种不法利益，那么这一不道德的交易就有可能是完全自愿的。双方当事人都没有被强迫，而且都得到了好处。人们之所以反对贿赂，并不是因为它是强制性的，而是因为它是一种腐败行为。腐败就是买卖某种不应当被拿来出售的东西（比如一项偏袒某一方的判决或一种政治影响力）。

我们通常会把腐败／腐蚀（corruption）与人们用不法手段贿赂政府官员的做法联系在一起。但是正如我们在本书第1章所看到的，腐败还有一种更宽泛的含义：就一个物品、一个行动或一种社会惯例而言，当我们根据一种比适合它的规范更低的规范来对待它的时候，我们就是在腐蚀它。对此，我们可以用一个极端的例子来说明：当一个妇女生下孩子是为了把他卖掉换钱的时候，这种做法就是对母亲这种身份的腐蚀，因为它把孩子视作一个被使用的东西，而不是一个被疼爱的人。我们也可以用同样的方式来看待政治腐败：当一个法官因接受贿赂而做出一项腐败判决的时候，他的这种做法就好像他的司法权力乃是他谋取个人利益的工具，而不是一种公信力。他根据一种比适合其职责的规范更低的规范来看待它，从而贬损了它。

这种广义的腐败／腐蚀观念，便是人们把"用金钱换节育项目"指责为一种贿赂的原因。那些把这个项目看成贿赂的人指出，无论这种交易是不是强制性的，它都是一种腐败／腐蚀。而它之所以是一种腐败／腐蚀，就是因为交易双方——买方（哈里斯）和卖方（吸毒者）——都在用一种错误的方式给出售的物品（卖方生育孩子的能力）估价。哈里斯把染上毒瘾和身患艾滋病的妇女视作一台可通过支付货币使其停止运转的坏了的生育机器。那些接受她要约的人，也默认了那种贬低其自身人格的观点。这就是把哈里斯的做法指责为贿赂的观点所具有的道德力量。与腐败的法官和其他公职人员一样，那些为了钱而选择节育的妇女乃是在出售某种不应当拿来买卖的东西。她们把她们的生育能力看成一种赚钱的工具，而不是一种应当根据负责和关爱的规范予以实施的能力或禀赋。

有人可能会反驳说，这个类比是有缺陷的。一个接受贿赂而做出腐败判决的法官所出售的乃是一种并不属于他的东西，因为这种判决并不是他的财产。但是，一个为了金钱而同意节育的妇女所出售的乃是一种属于她自己的东西，即她的生育能力。撇开金钱不谈，如果这个妇女选择节育（或不要小孩），那么她并没有做错什么事。但是，即便是在没有收受贿赂的情形下，一个法官只要做出不公正的判决，就是在做错事。一些人还会争辩称，如果一个妇女有权基于她自己的理由放弃生育能力，那么她也就必定有权为了赚钱而这样做。

如果我们接受这个论点，那么用金钱换节育的交易就不再是贿赂。因此，为了确定一个妇女的生育能力是否应当被拿到市场上进行交易，我们必须追问这种物品究竟是一种什么性质的物品：我们是否应当把我们的身体视作我们拥有的并可以根据我们自身的意愿加以使用和处分的所有物，或者说，我们对自己身体的某些方面的使用是否就等同于自我贬低？这是一个颇有争议的大问题，也可以见于有关卖淫、代孕妈妈及买卖精子和卵子的争论。在我们可以确定市场关系是否适用于这样一些领域之前，我们必须首先弄清楚什么样的规范应当被用来调控人们的性生活和生育活动。

生活中的经济分析

大多数经济学家不喜欢讨论道德问题，至少在他们以经济学家这个身份自居的时候是如此。他们说，他们的工作是来解释人们的行为，而不是对其进行判断的。他们坚持认为，告诉我们什么规范应当用来调整某种活动或者我们应当如何评价某种物品，并不是他们要做的事情。价格体系是根据人们的偏好来分配物品的。至于那些偏好是否有价值、是否值得赞赏或者是否适用于某种情势，价格体系一律不予评价。然而，尽管经济学家们极力坚持上述观点，但他们还是越来越发现自己深深地陷入了各种道德问题之中。

这里有两个方面的原因：一个原因反映了世界的变化，另一个原因反映了经济学家们理解其研究对象的方式所发生的变化。

在最近几十年里，市场和市场导向的思想侵入了传统上由非市场规范调整的各个生活领域。我们越来越多地给非经济类物品定价，哈里斯为节育提供的 300 美元要约便是这一趋势中的一个例子。

与此同时，经济学家也一直在重构其学科，使其变得更加抽象、更具抱负。在过去，经济学家处理的是一些典型的经济论题——通货膨胀与失业、储蓄与投资、利率与外贸等问题。他们解释的是国家如何变得更加富有，以及价格体系如何调整五花肉期货和其他商品的供求关系。

然而，近期，很多经济学家都为自己设定了一个更为宏大的计划。他们论辩说，经济学提供的不仅是一整套有关物质商品的生产和消费的洞见，也是一门有关人类行为的学科。这门科学的核心乃是一个简单但却极其重要的观念，即在所有的生活领域中，人类的行为都可以通过如下假设得到解释：人们通过衡量他们所具有的各种选项的成本和收益，并选择一个他们认为会给他们带来最大福利或效用的选项来决定做什么事情。

如果这个观念是正确的，那么所有东西就都有自己的价格。这种价格可以是明码的，就像汽车、烤面包炉和五花肉的价格一样。这种价格也可以是隐含的，比如性、婚姻、孩子、教育、犯罪活动、种族歧视、政治参与、环境保护，甚至人的生命。不管我们是否意识到这种价格，供需法则都支配着所有这些东西的供给。

芝加哥大学经济学家加里·贝克尔在其 1976 年出版的《人类行为的经济分析》（*The Economic Approach to Human Behavior*）一书中，就这个观点提出了最有影响力的表述。他反对那种陈旧的观念，即经济学是"研究物质商品分配"的学科。他推测说，这种传统观念之所以能够久盛不衰，是因为"人们不愿意把某些人类行为交由经济学进行'冷酷'的计算"。贝克尔试图使我们彻底摆脱这种犹豫不决的状况。[6]

在贝克尔看来，人们会为了福利最大化而行事，无论他们做的是什么。这个"被不断使用的"假设，"构成了人类行为的经济分析的核心"。在运用这种经济分析的时候，不用考虑其分析的是什么物品。它对生死决定及"选择某种品牌的咖啡"都可以做出解释。它也可以被用来分析对伴侣的选择和购买一桶油漆。贝克尔接着指出："我信奉这样一种立场，即经济分析是一种可适用于所有人类行为的综合性分析，无论这种行为是否明码标价，是人们经常会做的决策还是难得会做的决策，是大决策还是小决策，是基于情感目的还是基于机械目的，也无论这种行为的主体是富人还是穷人，是男人还是女人，是成年人还是小孩，是聪明人还是笨人，是病人还是医生，是商人还是政治家，是老师还是学生。"[7]

贝克尔并不认为病人和医生、商人和政治家、老师和学生事实上都知道他们的决策是受经济法则支配的。但是，那只是因为我们往往会无视我们行动的理由而已。"经济分析并不假设"人们"必然会意识到他们的行为是使福利最大化，或者他们能够用语言来表达，或者不能用语言来表达的话，用一种非正式的方式来描述"他们行为的理由。然而，那些对隐含于每一种人类处境中的价格信号有着敏锐眼光的人能够认识到，我们所有的行为（无论与物质考量有多么遥远）都可以被解释成和被看成对成本和收益的一种理性计算。[8]

贝克尔通过对结婚和离婚的经济分析阐明了他的上述主张：

根据经济分析，当结婚的预期利益高于仍保持单身或再去寻找另一个更合适的对象的预期利益时，一个人会决定结婚。同样，当一个已婚人士重返单身状态或与另一个人结婚的预期利益高于离婚产生的利益损失（包括与子女的分离、共同财产的分割、法律诉讼费用等带来的损失）时，他/她会结束自己的婚姻。由于许多人都在寻找伴侣，所以我们可以认为存在婚姻市场。[9]

一些人认为，这种计算观把浪漫从婚姻中剔除了出去。他们论辩说，爱情、义务和承诺乃是无法被简化成金钱的理想。他们坚持认为，一桩好的婚姻是无价的，即它是金钱不能购买的某种东西。

在贝克尔看来，上述看法太过于感情用事，并且阻碍了人们进行清醒的思考。他写道，那些反对经济分析的人"（说得好听一点儿）用一种值得赞赏的聪明机智"把人类行为解释成下述因素导致的一种凌乱的、无法预见的结果。这些因素包括"无知和非理性、价值观及其常常无法解释的变化、习俗和传统、由社会规范促生的某种服从"。贝克尔几乎无法容忍这种无法预见的结果。他认为，专心致力于收入和价格效应，可以为社会科学提供一个更为坚实的基础。[10]

人类所有的行动是否都可以用市场这个形象加以理解？经济学家、政治学家、法律学者及其他人都一直对这个问题争论不休。但值得我们注意的是，市场这个形象已经变得无比强大——不仅在学术界，也在日常生活中。显然，我们在过去几十年里目睹了社会以市场关系这种形象重塑各种社会关系的过程。衡量这种变化的一个标准，就是人们越来越多地用金钱激励措施来解决各种社会问题。

用金钱奖励取得好成绩的孩子

给钱让人节育乃是一个无耻的实例。不过，还有另外一个例子：现在，美国各地的学校都在努力通过用钱奖励取得好成绩的学生来提升学校的教学水平。在教育改革中，那种认为金钱激励措施可以解决各种困扰学校教学问题的观念极其凸显，因而令人感到非常担忧。

我曾就读于一所非常好且非常有竞争力的公立中学，它位于加利福尼亚州太平洋帕利塞德。我偶尔会听到这样的说法，即学生在他们的成绩单上每得到一个 A，他们的父母就会用金钱奖励他们。我们大多数人会认为这有点儿令人震惊。但是我们没有任何一个人会想到学校本身也会用金钱来奖励那些取得好成绩的学生。我还清楚地记得洛杉矶道奇队在那些年里有一个推广计划，即为那些上了荣誉名册的中学生提供免费的门票。对于这样的方案，我们肯定不会有任何反对意见，而且我和我的朋友都因此观看了不少比赛。但没有人会认为这是一种激励措施；相反，它更像一种浪费金钱的无效措施。

现在的情势已截然不同。金钱激励措施越来越被认为是改善教学的关键，而对那些在较差的城镇学校就读的学生来说就更是如此了。

最近一期《时代周刊》在封面上直言不讳地提出了这样一个问题："学校是否应当贿赂孩子？"[11] 一些人认为，这完全取决于贿赂是否有效。

哈佛大学的经济学教授小罗兰·弗赖尔（Roland Fryer, Jr.）试图找出其中的答案。他是一名非裔美国人，在佛罗里达和得克萨斯的贫民区长大。他相信金钱激励措施可以鼓励那些就读于市内学校的孩子。在基金会的资助下，他在美国最大的几个校区对他的这个观念进行了实验。从 2007 年开始，他的项目向 261 所市区学校的孩子支付了 630 万美元，这些孩子主要是出生于低收入家庭的非裔和拉丁裔美国人。在每个城市中，他都使用了不同额度的激励计划。[12]

- 在纽约，参与此项目的学校给那些在统考中成绩优秀的四年级学生每人奖励 25 美元。七年级学生每次考试成绩优秀者则可获得 50 美元。七年级平均每个学生可以获得 231.55 美元。[13]

- 在华盛顿特区，如果学生按时上课、表现优异并按时完成家庭作业，那么学校就会奖励他们现金。勤奋努力的孩子每两个星期可以获得100美元。平均每个学生每两个星期可获得40美元，一学年总共可获得532.85美元。[14]
- 在芝加哥，学校会给在课程学习中取得好成绩的九年级学生现金奖励：成绩为A的学生可得50美元，成绩为B的学生可得35美元，成绩为C的学生可得20美元。成绩最好的学生一学年可获得可观的1 875美元。[15]
- 在达拉斯，二年级的学生每阅读一本书，学校就会奖励他们2美元。为了得到现金，学生们必须通过计算机测试以证明他们阅读了那本书。[16]

奖励现金的做法产生了各种不同的后果。在纽约，用现金奖励在统考中取得好成绩的学生的做法，并没有提高他们的学业表现。在芝加哥，用现金奖励表现优异的学生的做法提高了学生的上课出勤率，但没有提高他们的统考成绩。在华盛顿特区，用现金奖励学生的做法帮助一些学生（拉丁裔美国人、男生和行为有问题的学生）取得了较好的阅读成绩。在达拉斯，用现金奖励学生的计划在二年级学生身上取得了最好的效果；每阅读一本书就可得到2美元的二年级学生，在学年末都取得了较好的阅读理解成绩。[17]

弗赖尔的计划乃是近期诸多奖励表现优异学生的计划中的一个。另一个与之类似的计划为那些在进阶先修考试中取得好成绩的学生提供现金奖励。进阶先修课程使得高中生有机会去挑战大学水平的数学、历史、科学、英语和其他科目。1996年，得克萨斯州启动了这项进阶先修课程的激励计划。该计划给通过进阶先修考试（获得3分或更高分数）的学生奖励100~500美元（这取决于学生所在的学校）。这些学生的老师也会得到奖励：每有一个学生通过考试，老师就可以得到100~500美元，再加上工资津贴。现在，这项激励计划已在得克萨斯州60所高中内实施，其目的在于使少数族裔的学生和低收入家庭的学生为大学学习做准备。目前，已有十多个州开始用金钱激励措施去奖励那些成功通过进阶先修考试的学生及其老师。[18]

一些激励计划把目标瞄准了老师，而不是学生。尽管教师协会对这种激励计划持谨慎态度，但是因学生学业表现良好而支付老师现金的观念却在选民、政治家及某些教育改革者当中极为流行。从2005年开始，丹佛市、纽约市、华盛顿特区、北卡罗来纳州吉尔福德县、休斯敦市的各个校区都实施了针对老师的金钱激励计划。2006年，美国国会也设立了"教师激励基金"：如果水平一般的学校的学生取得了好成绩，他们的老师就可以得到现金奖励。奥巴马政府给这个计划又注入了一笔资金。近来，在纳什维尔，一项由私人出资的激励计划给中学数学老师提供了近15 000美元的现金津贴，以提高其学生的考试成绩。[19]

在纳什维尔，奖金津贴尽管非常高，但对学生的数学成绩实际上并没有产生任何影响。然而，得克萨斯州和其他地方的进阶先修课程激励计划却产生了积极的影响。更多的学生（包括来自低收入家庭的学生和具有少数族裔背景的学生）被激励而参加了进阶先修课程。很多学生也都通过了使他们有资格申请大学贷款的统考。这是一个很好的消息。但是，这并不能证明标准经济学有关金钱激励措施的观点：钱给得越多，学生就会越努力学习，成绩也就会越好。实际情况比这复杂得多。

那些已取得成功的进阶先修课程激励计划为学生和老师提供的远不只是现金，它们还改变了校园文化，以及学生对待学习成绩的态度。这些计划给老师提供了特殊的培训、实验设备，以及课后和周六有组织的学业辅导。在马萨诸塞州的伍斯特，有一所对学生要求极为严格的市区学校，它并不只是向那些被预先遴选出来的优秀学生而是向所有学生开设进阶先修课程，还录取了身穿印有说唱明星头像的广告衫的学生："参加这类最难的课程对那些穿着低腰牛仔裤、崇拜像李尔·韦恩这种歌星的孩子来说，实在是太酷了。"现在看来，通过年末进阶先修考试就可获得 100 美元奖励的做法所激励的与其说是学生对金钱本身的欲求，不如说是学生对优异表现的欲求。一个成功通过考试的学生告诉《纽约时报》："有这笔钱还是不错的，但它对我们还有更多的意义。"该项计划所提供的每周两次的课后辅导，以及 18 个小时的周六班，对学生来讲也是很有助益的。[20]

当一位经济学家仔细考察得克萨斯州低收入学校所实施的进阶先修课程激励计划的时候，他发现了有趣的一点：该项计划在提升学生的学习成绩方面取得了成功，但是它的提升方式却是标准的"价格效应"（你给的钱越多，成绩就会越好）无法预测的。尽管一些学校给通过进阶先修考试的学生每人 100 美元，而另一些学校则奖励 500 美元，但结果却是那些提供较少奖金的学校的学生表现得更好。对该项计划进行研究的基拉波·杰克逊（C. Kirabo Jackson）指出，学生和老师"都没有像收益最大化者那样行事"。[21]

那么，这究竟是怎么回事呢？金钱有一种表现效应——使学业成绩变得"很酷"。这正是金钱数额不起决定作用的原因。尽管在大多数学校里，只有英语、数学和科学的进阶先修课程有资格得到现金激励，但是该项计划也使得更多的学生参与了诸如历史和社会研究这样的进阶先修课程。进阶先修课程激励计划取得成功的方式，并不是贿赂学生以让其努力学习，而是改变他们对待成绩的态度，以及改变校园文化。[22]

健康贿赂

健康保健是另一个广泛运用金钱激励措施的领域。医生、保险公司和雇主都越来越愿意用付钱的方式使人们保持健康——服药、戒烟和减肥。你可能会认为预防疾病或危及生命的疾病是充足的动机。但是令人感到惊讶的是，事实往往并非如此。有 1/3 到 1/2 的病人并没有服用医生开具的药物。当这些人病情恶化的时候，从总体上讲，其结果就是每年要额外增加数十亿美元的医疗费用。因此，医生和保险公司都在用金钱激励措施促使病人按照医嘱服药。[23]

在费城，病人如果服用医生开具的华法林药片（一种防止血栓形成的药片），就可以得到 10~100 美元的奖励。（一个计算机化的药盒会记录他们服药的情况，并告诉他们当天能否获得奖励。）参与该项激励计划的病人如果按照医嘱服药，那么平均每个月可得到 90 美元的奖励。在英国，一些患有精神分裂症或双相障碍的病人，如果可以证明自己每月都按医嘱服用了治疗药片，就可以得到 15 英镑（约 22 美元）的奖励。青春期少女如果保证接种可预防通过性传播的、会引发宫颈癌的病毒的疫苗，就可以得到 45 英镑（约 68 美元）的奖励。[24]

吸烟使那些为员工提供健康保险的公司增加了高额的成本。于是在 2009 年，通用电气公司开始用金钱奖励那些戒烟的雇员——他们如果能够戒烟一年，就可以得到 750 美元的奖励。这项举措的结果令人非常满意，所以通用电气公司又把这项计划推广到它在美国的所有员工。西夫韦零售连锁商店为那些不抽烟的员工，以及那些能够控制体重、血压和胆固醇的员工提供较低的健康保险费。越来越多的公司通过采用"胡萝卜加大棒"的方式激励其员工改善他们的健康状况。现在，美国 80% 的大公司都给那些参与健康计划的人提供金钱奖励。而几乎有一半的大公司会因为员工有不健康的生活习惯而惩罚他们，特别是要求他们交付更多的健康保险费。[25]

减肥是金钱激励实验最诱人但却不好把控的目标。美国全国广播公司（NBC）的真人秀节目《超级减肥王》，就把当前流行的付钱减肥计划搬上了银幕。这个节目为季度减肥幅度最大的冠军奖励 25 万美元。[26]

医生、研究人员和雇主也都尝试提供较为适度的激励措施。美国的一项调查报告称，用几百美元的奖金就可以激励肥胖者在 4 个月之内减掉大约 14 磅。（遗憾的是，体重减轻被证明只是暂时性的。）在英国，英国国民医疗服务体系要花费其预算的 5% 来应对各种与肥胖相关的疾病。该机构尝试向超重者支付 425 英镑（约 612 美元），以促使他们减肥并在两年内保持不反弹。这项计划被称为"以磅换镑计划"(Pounds for Pounds)。[27]

我们可以就付钱使人们采取健康行为这件事情提出两个问题：这是否有效？这是否会遭到反对？

从经济学的角度来看，赞同付钱使人们保持健康的实例乃是一个简单的成本收益问题。唯一的真正问题是这些激励计划是否有效。如果金钱能够激励人们按医嘱服药、戒烟或参加体育活动，并因而可以减少此后要支出的高额医疗费用，那么人们为什么还要反对这些计划呢？

然而，确实有很多人反对这些计划。用金钱激励措施使人们采取健康行为会引发严重的道德争论。一种反对意见是关于公平的，另一种反对意见是关于贿赂的。基于公平的反对意见乃是以不同的方式从政治谱系的两端阐发的。一些保守主义者论辩道，肥胖者应当自行减肥。花钱（特别是用纳税人的钱）让他们减肥就是用钱来奖励懒惰行为，这是不公平的。这些批评家把金钱激励措施看成"对放纵行为的一种奖励，而不是一种治疗形式"。这种反对意见基于这样一种观念——"我们都可以控制自己的体重"，因此把钱给那些未能自行控制其体重的人是不公平的，特别是当这些钱出自国民医疗服务体系的时候（正如英国人有时候做的那样）。"付钱给某人让他戒除坏习惯乃是保姆式国家思维方式的终极形式，因为这种做法会使这些人不用为他们自己的健康承担任何责任。"[28]

一些自由主义者提出了与之相反的担忧：用金钱奖励身体健康（以及对身体不健康施以惩罚）的做法，会以不公平的方式使那些无法掌控医疗条件的人处于不利境况。允许公司或医疗保险公司在确定保险费的问题上区别对待健康的人和不健康的人的做法，对那些不是因为他们自己的过错而使自身健康状况较差的人来讲是不公平的，进而会使他们处于更危险的境地。给每个到体育馆参加锻炼的人打折是一回事，根据很多人都无法控制的健康结果来设定保险费率则是另一回事。[29]

反对贿赂的意见比较费解。媒体通常会把健康激励措施说成一种贿赂。但它真的是贿赂吗？在用金钱换节育的方案中，贿赂是显而易见的。给妇女金钱以使其放弃生育能力，并不是为了她们自己的利益，而是基于一个外在的目的——防止她们生出更多有毒瘾的孩子。至少在很多情形中，给她们钱是为了让她们去做违背她们自己利益的事情。

但是我们却不能说帮助人们戒烟或减肥的金钱激励措施是贿赂。无论金钱激励措施在这里有什么外在目的（比如，为了减少公司或国民医疗服务体系的医疗费用），它都是在鼓励那些能够改善接受者健康状况的行为。所以，它怎么会是贿赂呢？[30]或者，我们稍微换个角度来提问：即使健康行为是为了被贿赂人的利益，为什么贿赂这种指责也还是恰当的？

在我看来，这种指责之所以是恰当的，是因为我们担心金钱动机会把其他更好的动机排挤掉。就此而言，它是通过下述方式做到的：健康不只是达到正常的胆固醇水平和身体质量指数，还要求我们用正确的态度去对待我们的身体健康，并且用审慎和尊敬的方式来对待我们的身体。付钱使人们按医嘱服药的做法，几乎无助于养成这样的态度，甚至还会破坏这些态度。

这是因为贿赂是有操控性的。它们无视说服的作用，并用外在的理由取代内在的理由。"你不是很不在乎戒烟或减肥对你身体的好处吗？那么你就在乎一下吧，因为我会给你 750 美元。"

健康贿赂诱使我们去做我们无论如何都应当去做的某件事情。它诱使我们基于错误的理由去做正确的事情。有时候，受骗也是有帮助的。自行戒烟或减肥并不是一件容易的事情。但是最终，我们还是应当超越这种操控。不然，贿赂有可能会成为我们的习惯。

如果健康贿赂有效，那么那些对它会腐蚀人们对待健康的正确态度的担忧在品格上似乎就过于高尚了。如果金钱可以治愈人们的肥胖症，为什么还要对操控吹毛求疵呢？对这个问题的一个回答是：恰当地关注我们自己的身体健康是自我尊重的一部分。另一个回答更具有道德的实践意义：如果没有维系健康的态度，那么只要激励措施终止，体重就会反弹。

这种情形似乎在目前业已调查的付费减肥计划中出现。给钱戒烟的情况似乎稍微好些。但即便是最鼓舞人心的调查研究也表明，有将近 90% 因拿钱而戒除吸烟习惯的烟民，在激励措施终止后的 6 个月内又开始吸烟了。一般来讲，金钱激励措施对某一特定事件的效果，比如医生的一次预约或一次药剂注射的效果，比它在改变长期的习惯和行为方面的效果更好。[31]

如果无法使人们养成维系健康的价值观，那么用钱使他们保持健康的做法就会事与愿违。如果这是真的，那么经济学家的问题（"金钱激励措施是否有效？"）与道德学家的问题（"金钱激励措施是否会招致异议？"）之间的关联就比初看上去的紧密得多。一项激励措施是否"有效"取决于它的目标，而被恰当构想的目标则会涵盖金钱激励措施所腐蚀的一些价值观和态度。

具有渗透力的激励措施

我的一个朋友在他的孩子们每写一封感谢信后，都会给他们 1 美元以示奖励。（我在读这些信的时候通常都会说它们是在强迫下被写出来的。）这个策略从长远来看可能有效，也可能无效。结果有可能证明，这些孩子在写了足够多的感谢信后最终会意识到写这些信的真正目的，因此即使当他们的父亲不再给他们钱作为奖励的时候，他们也会继续在收到礼物时表达感激之情。但是也有这样一种可能，即他们会吸取错误的教训，认为写感谢信只是一份计酬工作，一种为了得到报酬而要承受的负担。在这种情形下，习惯就不会养成，而且一旦他们的父亲不再给他们钱，他们就不会再写这样的信了。更为糟糕的是，贿赂会腐蚀对他们的道德教育，并会使他们更难学到感恩这种美德。即使贿赂孩子让他们写感谢信的做法在短期内会增加产出，它最终也会失败，因为它给他们灌输了一种错误的评价相关物品的方式。

类似的问题也存在于用金钱奖励取得优异成绩的学生的情形中：为什么不给取得好成绩或读了一本书的孩子金钱奖励呢？这样做的目的是鼓励孩子学习和阅读。金钱奖励便是达到这个目的的一项激励措施。经济学告诉我们，人们会对各种激励措施做出回应。尽管一些孩子会因为热爱学习而阅读，但其他一些孩子可能不是这样的。所以，为什么不把金钱当作进一步的激励措施呢？

结果可能是——正如经济学逻辑指出的那样——运用两种激励措施比只运用一种激励措施更有效。但结果也有可能是，金钱激励措施有可能侵损内在的激励措施，从而使孩子们阅读更少的书而不是更多的书，或者说，使孩子们在短时间内基于错误的理由去阅读更多的书。

在这种情形中，市场就是一种工具，但并不是一种中性的工具。开始只是作为一种市场机制的东西，现在却变成了一种市场规范。人们对此有一个明显的担忧，即金钱激励措施会使孩子们习惯性地把阅读看成一种赚钱的方式，并由此侵蚀、排挤或腐蚀孩子们对阅读本身的那份热爱。

采用金钱激励措施让人们减肥、读书或节育的做法，不仅反映了用经济学分析生活的逻辑，也进一步扩展了该逻辑。当加里·贝克尔在 20 世纪 70 年代中期写道，我们所做的每一件事都可以用计算成本收益这一假设加以解释的时候，他所指的是"影子价格"——被认为隐含在我们面对的各种选项和我们做出的各种选择之中的那种想象价格。因此，比如，当一个人决定维持婚姻而不是离婚的时候，这里并没有公布任何价格。他考虑的是离婚的影子价格——金钱价格和情感价格——并发现离婚的收益并不足以抵偿其成本。

但是，当今盛行的那些金钱激励计划比这走得更远。通过给那些不以物质追求为目的的活动确定一种实在且明确的价格，这些金钱激励计划把贝克尔的影子价格从背后拽了出来，并把它们变成了真实的价格。它们把贝克尔有关所有的人际关系在最终意义上都是市场关系的建言付诸实施。

贝克尔本人据此提出了一个引人注目的建议，即用市场手段来解决人们在移民政策上存在的激烈争论：美国应当取消其由配额、积分系统、家庭偏好、排队等候等等构成的复杂制度，只需要出售移民权即可。考虑到需求，贝克尔建议把准入价格确定为 5 万美元或者更高。[32]

贝克尔推论说，愿意支付大笔移民费用的移民自然会有许多理想的特征。他们可能年轻、有技术、有抱负、勤劳，并且不可能申请救济金或失业津贴。当贝克尔在 1987 年最初建议出售移民权的时候，很多人都认为这个想法太难以置信了。但是，对那些专事经济学研究的人来说，这是用市场逻辑来解决棘手问题（我们该如何决定哪些移民可获准进入美国？）的一种明智的甚至是显见易见的方式。

另一位经济学家朱利安·西蒙（Julian L. Simon）大约在同时期提出了一种与贝克尔类似的建议。他建议每年设定一个移民准入配额，并把这些准入配额公开拍卖给出价最高的竞拍者，直至满额为止。西蒙论证说，出售移民权是公平的，"因为它是根据市场导向的社会标准——支付能力和支付意愿——来区别对待需求者的"。针对那种认为他的计划有可能只让富人移民美国的反对观点，西蒙回应说：可以允许胜出的竞拍者先从政府那里借贷一部分准入费用，并在之后用他们的所得税偿还这笔借款。他指出，如果他们无力偿还，那么美国政府可以随时把他们驱逐出境。[33]

出售移民权的想法对某些人来说是难以接受的。但是在一个市场信念不断高涨的时代，贝克尔-西蒙规划的主旨很快就被写进了法律。1990 年，美国国会规定，在美国投资 50 万美元的外国人可以与他的家庭一起移民美国两年；两年以后，如果这项投资创造了至少 10 个就业岗位，那么他们就可以获得永久居留权（绿卡）。用金钱换绿卡的计划在终极意义上是一项插队方案，即一条获得美国公民资格的快速通道。2011年，两位参议员提交了一个议案，建议用一种类似的金钱激励方式来推动受金融危机影响、仍处于低迷状态的高端房地产市场的发展。任何购买一幢价值50万美元的住宅的外国人都可以得到一种签证，允许他及其配偶、子女在拥有这处房产的前提下一直居住在美国。《华尔街日报》用一个大标题概括了这种交易："买房子，拿签证。"[34]

贝克尔甚至提议向躲避迫害的避难者收取费用。他宣称，自由市场会使人们很容易就决定应当接受哪些避难者——那些有充分理由支付费用的人："很显然，政治避难者及那些在本国受到迫害的人，为了被准许进入一个自由国家，是愿意支付一大笔费用的。因此，只要设立一个收费系统，自然就可以避免举行那些浪费时间的听证会，来讨论避难者一旦被强制送回他的国家是否真的就会受到身体上的威胁。"[35]

要求一个躲避迫害的避难者支付5万美元的做法，不仅会使你觉得太不近人情，也是经济学家未对愿意支付费用与有能力支付费用这两点做出区分的另一个例子。所以，让我们来看一下另一个用市场手段解决避难者问题的建议，这是一个无须避难者自掏腰包的建议。法学教授彼得·舒克（Peter Schuck）提出了如下建议。

让一个国际组织根据国民财富水平给每个国家设定一个年度避难者的配额。然后让这些国家互相买卖这些义务。因此，比如，如果日本根据分配方案每年要接收2万名避难者，而日本又不想接收他们，那么它可以付钱给俄罗斯或乌干达，让它们接收这些避难者。根据规范的市场逻辑，这种情形会使每一方都获益。俄罗斯或乌干达得到了一个新的国家收入来源，日本通过外包方式履行了它接收避难者的义务，而且有更多的避难者得到了救助。[36]

这种避难者市场有点儿令人讨厌，尽管它使更多的避难者找到了避难所。但是，它令人反感的究竟是什么呢？这与一个事实有关：避难者市场改变了我们有关谁是避难者，以及我们应当如何对待他们的看法。它鼓励参与者——购买者、出售者及那些拥有可以拿来讨价还价的避难所的国家——把避难者看成一个要甩掉的包袱或一种收入来源，而不是一些身处险境的人。

人们可能会承认避难者市场确有贬低人格的作用，可是他们仍认为，这项计划将带来更多的好处而不是伤害。但这个事例却表明，市场不只是一种机制。它体现了某些规范，它预设（并促进）了评价被交易物品的某些方式。

经济学家往往假定，市场并不会触及或腐蚀它所调节的那些物品。但这并非事实。市场把它的印记镌刻在社会规范之上。市场激励措施往往会侵蚀或排挤掉非市场激励措施。

一项有关以色列某些托儿所的研究表明了上述情况是如何发生的。这些托儿所面临着一个人们熟知的问题：一些家长有时无法按时去接孩子。一位老师在迟到的家长来接孩子之前不得不留下来陪孩子。为了解决这个问题，这些托儿所对迟到的家长处以罚金。猜想一下会发生什么？结果，迟接孩子的人反而越来越多。[37]

如果你现在还假定人们会对激励措施做出回应，那么这就是一个令人感到困惑的结果。你可能会认为，设定罚金会减少而不会增加迟接孩子的现象。那么究竟发生了什么呢？引入金钱惩罚机制的做法改变了原有的规范。之前，迟到的家长会感到内疚，因为他们给老师带来了麻烦。而现在，家长们则把迟接孩子看成一项他们愿意为之付钱的服务。他们把罚金看成一项费用。他们不认为自己是在强迫老师延长工作时间，而只是用付钱给他们的方式让他们延长工作时间而已。

罚金抑或费用

罚金与费用之间的差异何在？这是值得我们认真思考的问题。罚金表达的是道德上的责难，而费用只是不含任何道德判断的价格。当我们对乱丢废物的人科以罚金的时候，我们是在说：乱丢废物是错误的。把啤酒罐随手丢进美国大峡谷，不仅意味着增加了清理费用，也反映了这是我们的社会所不予鼓励的一种恶劣态度。假设这种行为的罚金是 100 美元，而一个富有的徒步旅行者认为，为了不用拿着空罐子走出公园这一便利，花这么多钱是值得的。他把罚金看作一种费用，因而把啤酒罐随意丢进大峡谷。尽管他付了罚款，但是我们仍然认为他做错了事。由于他把大峡谷看成一个昂贵的垃圾丢弃站，所以他的这种观点表明，他没有以一种恰当的方式去对待它。

或者，让我们再来看一下专门留给残疾人使用的停车位的问题。假设一个忙着要去签约的健康人想在其建筑工地附近的地方停车，为了把车停在专门留给残疾人的地方这一便利，他愿意支付一笔颇为高昂的罚款，因为他把这笔罚金视作做生意的一种成本。尽管他付了罚款，但我们难道就会认为他的这种做法没错儿吗？他对待罚金的态度，就好像它是一笔昂贵的停车费。但是，这里丢失了当中的道德意义。由于他把罚金看成一笔费用，所以他既没有尊重残疾人的需求，也没有尊重社会通过留出停车空位来方便残疾人的期望。

21.7 万美元的超速罚单

当人们把罚金视作一种费用的时候，他们就是在鄙视罚金所表达的那些规范。社会对此常常都会予以回击。一些富有的驾驶者把超速罚单看作他们为了随意飙车而支付的费用。在芬兰，法律明确规定罚款金额以肇事者的收入为基础，并以此反对上述那种思维方式（和驾驶方式）。2003 年，尤西·萨洛诺亚（Jussi Salonoja），一位 27 岁的香肠企业继承人，因为在限速每小时 40 千米的路段上以每小时 80 千米的速度行驶而被罚款 17 万欧元（当时约合 21.7 万美元）。萨洛诺亚是芬兰最富有的人之一，他的年收入高达 700 万欧元。此前，最昂贵的超速罚单纪录是由诺基亚公司的一位主管安西·万约基（Anssi Vanjoki）创下的。2002 年，他因驾驶哈雷戴维森摩托车在赫尔辛基超速行驶而被罚款 11.6 万欧元。当万约基事后证明其收入因诺基亚公司利润缩水而减少之后，法官才降低了罚款数额。[38]

芬兰人的超速罚单之所以是罚金而不是费用，不仅是因为它们会根据收入进行浮动这个事实，而且是因为隐藏在其背后的道德谴责，即违反限速规定是错误的这样一个判断。累进所得税也根据收入浮动，但它却不是罚金。它们的目的在于提高国家税收，而不是一种通过惩罚来创收的活动。芬兰开出的这张21.7万美元的超速罚单表明，社会不仅希望违法者能够支付危险行为的成本，也希望惩罚与罪责相符——以及与违法者的银行存款余额相符。

尽管一些有钱的超速驾驶者对待限速问题态度傲慢，但是罚金与费用之间的差异却是无法轻易消除的。在大多数情形下，被叫停在路边并被开具超速罚单仍带有一种耻辱的味道。没有人会认为警察只是在收取道路费，或是在给超速者开具一张可方便他快速往返的账单。近来，我偶然看到了一项怪诞的建议，它通过表明超速费用（而不是罚金）究竟意味着什么阐明了这个问题。

尤金·"吉诺"·迪西蒙（Eugene "Gino" Disimone）是一名竞选内华达州州长的独立候选人。他在2010年提出了一个不同寻常的增加州预算的方案：允许人们在支付25美元（每天）后超速行驶，并在内华达州指定的路段以每小时90英里的速度行驶。如果你想不定时地选择提速驾驶，那么你可以买一个应答器，并在你需要开得快些的时候用手机拨打你的账号。只要从你的信用卡中扣除了25美元，你就可以在未来的24小时内自由地快速行驶，而不会被警察拦下停在路边。如果一个警察用测速雷达枪发现了你在高速公路上超速行驶，那么你的应答器就会发出信号，表明你是一位付费的消费者，因而你也就不会被开具任何罚单。迪西蒙估计，他的这个建议可以在不提高税收的情形下每年至少为该州增加13亿美元的财政收入。尽管这对该州的预算来说是一笔非常诱人的意外之财，但是内华达州高速公路巡警却说，这项计划会危害公共安全，而且该候选人在竞选中肯定会落选。[39]

地铁逃票和录像带租金

在实践中，罚金和费用之间的区别有可能是不确定的，甚至是有争议的。让我们考虑一下这种情况：如果你在乘坐巴黎地铁的时候没有购买 2 美元的车票，那么你就会被罚款 60 美元。这项罚款乃是对那种用逃票的方式欺骗地铁系统的做法的一种惩罚。然而，一群专门逃票的人想出了一种把罚金转变为费用的聪明方法，不过这也是一种很平常的方法。他们成立了一个保险基金，如果他们当中有人被抓到，该基金就会为他支付罚款。每个成员每月给该项基金（逃票者互济会）缴纳大约 8.5 美元的费用，而这笔钱远比购买一张合法的月票所需花费的 74 美元便宜。

这个互济会的成员说，他们的动机不是金钱，而是对免费开放公共交通的一种意识形态承诺。这个群体的一位领导者告诉《洛杉矶时报》："这是一种集体抵抗的方式。在法国，有些事情（上学和医疗保健）应当是免费的。那么为什么公共交通不该是免费的呢？"尽管逃票的人不会很多，但是他们的全新计划却把对欺骗的罚金变成了一种月度保险费，一种他们为了抵抗交通收费系统而愿意支付的价格。[40]

为了确定是罚金合适还是费用合适，我们必须弄清楚相关社会制度的目的，以及应当调整它的那些规范。答案会因我们所关注的问题不同而有所不同：我们讨论的是晚到托儿所接孩子及巴黎地铁逃票的问题，还是逾期把 DVD（高密度数字视频光盘）还给当地音像店的问题。

在音像店初创的岁月，它们把因迟还录像带而交付的费用看作罚金。如果我迟还了录像带，营业员就会表现出一种特别的态度，好像我迟还 3 天电影录像带，就是在做一件不道德的事情。我认为这种态度有点儿错位。一家商业性的音像店毕竟不是公共图书馆。对于那些没有按时归还图书的人，公共图书馆所收取的不是费用，而是罚金。这是因为公共图书馆的目的就是在一个共同体中组织人们免费分享图书。所以，当我悄悄地把已过借阅期的书还给图书馆的时候，我理应感到内疚。

但音像店是做生意的，其目的就是通过出租录像带赚钱。所以，如果我没有按时归还电影录像带并付费多借了几天，那么我应当被看成一个较好的消费者，而不是一个较差的消费者。至少我是这么想的。随着时间的推移，这个方面的规范也发生了变化。现在，音像店似乎已不再把逾期不还而缴纳的钱看成一种罚金，而看成一种费用。

可交易的生育许可证

关于控制人口问题，让人感到特别奇怪的是，西方的一些经济学家呼吁采用一种以市场为基础的控制人口的方法。这些经济学家敦促那些需要限制人口数量的国家发放可交易的生育许可证。1964 年，经济学家肯尼思·博尔丁（Kenneth Boulding）就提出了一个可交易的生育准许体系，作为处理人口过剩问题的一种方式。每个妇女都可以得到一张授权她们生育一个孩子（或两个孩子，这取决于政策的规定）的准生证。她可以自由地使用这种准生证或根据现行价格把它卖掉。博尔丁设想了这样一种市场：那些渴望拥有孩子的人可以从（他以一种粗鲁的方式所说的）"穷人、修女、未婚妇女等诸如此类的人"那里购买准生证。[41]

这项计划比固定配额体系（如独生子女政策）少一些强制性。同时，它在经济上也更有效，因为它会把物品（在这个情形中就是指孩子）分配给最愿意为它们支付金钱的消费者。近来，两位比利时经济学家重申了博尔丁的建议。他们指出，由于富人有可能会愿意从穷人那里购买生育许可证，所以这个计划还有一个更大的好处，那就是通过给穷人增加一个新的收入来源来减少不平等现象。[42]

一些人反对对生育做任何限制，而另一些人则认为，为了避免人口过剩，对生育权进行限制是合法的。让我们暂时撇开有关原则的争论，设想存在这样一个社会，它决定实施强制性的人口控制计划。这样，你就可以知道下述两项政策中哪项政策会较少招致人们的反对：是一个固定配额的体系，它限制一对夫妻只能生育一个孩子，并对超生者处以罚款；还是一个以市场为基础的体系，它给每对夫妻发放一张可交易的、授权持有者可生育一个孩子的准生证？

从经济逻辑的角度来看，上述第二项政策显然更为可取。如果让人们在使用准生证或出售准生证的问题上拥有选择的自由，那可以使相关人都获益，而同时不会使任何人受损。那些买卖准生证的人（通过相互获益的交易）获得了好处，而那些没有进入这个市场的人的境况也并不会比他们处在固定配额体系下的境况更糟，因为他们仍可以生育一个孩子。

然而，就人们可以买卖生育权的那种体系而言，存在着某种让人感到担忧的方面。部分担忧是：在不平等的条件下，这样一种体系是不公平的。我们不愿意把孩子当成一种只有富人负担得起、穷人却负担不起的奢侈品。如果生育孩子是人类繁盛的一个核心要素，那么把生育孩子的条件限定在支付能力的基础之上就是不公平的。

除了上述基于公平这个理由的反对意见，另一种反对意见还认为它是一种贿赂。这种市场交易的核心要素乃是一种在道德上令人不安的活动：希望多要一个孩子的父母肯定会引诱或诱使其他有可能成为父母的人出售他们的生育权。从道德上讲，这在很大程度上与购买一对夫妻生下来的唯一一个孩子没有什么两样。

经济学家们有可能论辩说，孩子市场或生育权市场拥有一种有效的德行：它把孩子分配给了那些最珍视他们的人，而衡量标准便是支付能力。但是，交易生育权的做法促使人们用一种商业态度去对待孩子，而这种态度则会腐蚀父母的品格。处于父母之爱这一规范之核心地位的乃是这样一种观念：一个人的孩子是不可转让的，把他们拿来买卖是不可思议的。所以，从另一对可能成为父母的人那里购买一个孩子或购买生育一个孩子的权利，就是在腐蚀父母的品格本身。如果你通过贿赂让其他夫妻不要孩子而自己生育了孩子，那么爱你的孩子这种体验难道不会被败坏吗？你是否有可能至少在诱惑下向你的孩子隐瞒这个事实？如果是这样，那么我们就有理由得出结论：不论生育许可证市场有多少好处，它都会以固定配额体系不会采用的方式腐蚀父母的品格，尽管固定配额体系也非常令人讨厌。

可交易的排污许可证

罚金与费用之间的差异，也与有关如何减少温室气体和碳排放的争论相关。政府应当给排放设定一个限度并对那些超标排放的公司科以罚金？还是应当提供可交易的排放许可证？第二种方案的意思大致是说，与丢弃废品不同，排放乃是做生意所要负担的一种成本。但这是否正确呢？或者说，向空气中排放过量废气的那些公司是否应当受到某种道德上的谴责呢？为了回答这个问题，我们不仅需要计算成本和收益，还必须确定我们想提倡的究竟是什么样的对待环境的态度。

在 1997 年举行的京都会议上，美国坚持认为，任何一种强制性的全球排放标准都必须包括一个交易方案，允许各个国家买卖碳排放权。所以，比如，在《京都议定书》的框架下，美国可以通过要么减少自己的温室气体排放，要么支付费用让其他地方减少排放来履行它的义务。它可以支付费用来重新修复亚马孙雨林或使一个发展中国家的一家老旧的煤炭工厂现代化，而不用向其国内那些高油耗的悍马车征税。

当时，我在《纽约时报》上撰写了特稿反对这项交易方案。我担心，允许国家购买碳排放权会像允许人们付费乱丢垃圾一样。我们应当竭力强化而不是弱化破坏环境所应背负的道德耻辱。与此同时，我还担心，如果富裕的国家可以通过花钱来免除它们所负担的减少自己国家排放量的义务，那么我们就会侵蚀我们未来在环境问题上展开全球合作所必需的那种共同牺牲的意识。[43]

针对我的文章，《纽约时报》收到了潮水般的严苛批评信件或挑剔信件——大多数来自经济学家，其中一些人还是我在哈佛大学的同事。他们认为，我没有理解市场的德行、交易的有效性或经济合理性的基本原理。[44] 在这些潮水般的批评中，我从我原来就读的学院的一位经济学教授那里收到了一封表示同情的电邮。他写道，他理解我努力阐述的要点。但他也请我帮个小忙：能否不公开教过我经济学的那个人的身份？

自此以后，我在一定程度上对我有关买卖碳排放权的观点进行了重新思考——尽管我这样做并不是基于经济学家们提出的那些教条式理由。与把垃圾从车窗扔到高速公路上不同，排放二氧化碳本身没有什么可予以反驳的。我们所有人每次呼吸都在排放二氧化碳。排放二氧化碳本身并没有什么错。人们要反对的是过量排放，即一种浪费能源的生活方式的一部分。这种生活方式，以及支撑此种生活方式的态度，乃是我们应当不予以鼓励甚至应当予以蔑视的。[45]

减少排放的一种方式便是政府管制：要求汽车制造商达到更高的排放标准；禁止化工厂和造纸厂把含有毒素的水排进河道；要求工厂在它们的烟囱上安装过滤器。如果这些公司没有遵守这些标准，就对它们科以罚款。美国在 20 世纪 70 年代初期第一代环境法实施期间就是这么做的。[46] 这些以罚款为后盾的管制措施，是一种要求公司为它们的排放行为付钱的方式。这些管制措施也带有道德含义："我们应当为自己把污水排进小溪和河道而感到羞愧，也应当为自己排放废气污染空气而感到羞愧。这不仅有害我们的健康，我们也绝不能这样对待地球。"

一些人反对上述管制措施，因为他们不喜欢任何一种让各个行业承担更高成本的做法。但是，另一些对环境保护持同情态度的人却在寻求一些更有效的达到其目的的方式。随着市场声誉在 20 世纪 80 年代的不断提升，随着经济学思维方式的影响力不断扩大，一些环保倡导者也开始赞同某些基于市场的拯救地球的方式。他们指出，不要给每个工厂都强行设定排放标准；相反，我们只需要给排放设定一个价格，其他的事情就留给市场去解决。[47]

给排放定价的最简单方式就是向它征税。向排放征税可以被视作一种费用而不是一种罚款；但是如果征税足够重，那么它就可以使排放者为其造成的损害付出金钱的代价。正是基于这个理由，要落实这种做法在政治上是很难的。所以，政策制定者们采纳了一种更加亲市场的解决方案——排放交易。

1990 年，美国前总统乔治·布什把一项旨在减少酸雨（它是由燃煤电厂排放的二氧化硫造成的）的计划签署成了法令。这项法令没有给每个电厂设定固定的排放限额，而是给每家公共电力公司发放一张排放一定废气的许可证，然后允许这些公司彼此之间买卖这些许可证。因此，一家电力公司要么减少它自己的排放量，要么从其他某家成功减少排放量的电力公司那里购买额外的排污许可证。[48]

二氧化硫排放量降低了，因而这一交易方案被广泛认为是成功的。[49] 后来，也就是在 20 世纪 90 年代后期，人们的注意力转向了全球变暖问题。有关气候变化的《京都议定书》为各个国家提供了这样一个选择：它们要么减少自己的温室气体排放，要么付钱给其他国家让其他国家减少排放。实施此项方案的理由是它降低了遵守条款的成本。如果替换印度农村使用的煤油灯比减少美国的碳排放便宜，那么为什么不让美国出钱来换掉那些煤油灯呢？

尽管有这样的诱惑，但美国还是没有加入《京都议定书》，而此举使得随后的全球气候谈判搁浅。不过，我的兴趣与其说在于协议本身，不如说在于它是如何表明全球碳排放权市场的道德成本的。

就一些人所建议的生育许可证市场而言，其道德问题在于该体系促使一些夫妻贿赂其他人以使他们放弃生育孩子的机会。这个体系经由鼓励父母把孩子视作可转让的、可买卖的商品，侵蚀了父母之爱的规范。全球排放许可证市场中的道德问题则与生育许可证市场中的道德问题不同。在这里，问题不在于贿赂，而在于它把义务外包给了其他国家。这个问题在全球背景下比在国内情势中更为尖锐。

就全球合作而言，允许富裕的国家通过从其他国家那里购买碳排放权（或资助那些能够使其他国家减少排放的项目）以使它们在能源使用方面不做实质性减排的做法，确实侵损了下面两项规范：它不仅对自然确立了一种工具性态度，而且破坏了那种对创建一种全球环境伦理来讲必要的共同牺牲精神。如果富裕的国家可以通过花钱来免除它们本应负担的减少自己碳排放的义务，那么这就与上文所述的大峡谷徒步旅行者的例子有些相似。只是现在，富有的徒步旅行者可以在扔啤酒罐以后不用被罚款，只要他雇人去清理喜马拉雅山脉中的垃圾即可。

的确，这两个例子并不完全相同。随意丢弃垃圾比温室气体排放具有更小的替代性。将啤酒罐丢弃在大峡谷并不能用离大峡谷半个地球之远的一块原始土地来补偿。与之不同的是，全球变暖乃是一种累积性的危害。就整片天空而言，地球上哪些地方少排放一些温室气体、哪些地方多排放一些温室气体，实质上并没有什么不同。

但就道德和政治层面而言，这却事关重大。让富裕的国家通过花钱来使其不必改变它们浪费资源的习惯，会强化一种错误的态度——自然是那些能够负担费用的国家可随意倾倒垃圾的地方。经济学家常常假设，解决全球变暖的问题就是一个设计一种正确的激励结构并让各个国家签字同意它的问题。但是这种假设忽略了一个关键：规范问题。在气候变化问题上采取全球行动，要求我们找到一种建构某种新环境伦理（一整套新的对待我们所共享的自然的态度）的方法。一个全球的碳排放权市场无论有多高效，都会使我们更难培养一种负责任的环境伦理所要求的节制和共同牺牲的习惯。

碳补偿行动

自愿碳补偿行动的日益增多，也产生了同样的问题。石油公司和航空公司现在让消费者交付一定的费用来抵消其个人对全球变暖造成的影响。英国石油公司的网站设置了一个专门的网页，消费者可以去那里计算他们的驾驶习惯所产生的二氧化碳总量，并且通过资助在发展中国家推行的某项绿色能源计划来补偿他们个人的废气排放量。根据该网站的说法，平均每个英国驾驶员每年的排放量，大约可用 20 英镑去补偿。英国航空公司提供了一种相同的估算方案。只要支付 16.73 美元，你就可以补偿你在纽约和伦敦之间的往返旅行所产生的温室气体排放。航空公司会把你交的 16.73 美元资助给中国内蒙古的一家风力农场，以弥补你的飞行给大气造成的损害。[50]

碳补偿行动反映了一种值得称道的想法：为我们因使用能源而给地球造成的损害定一个价格，并通过逐人依此价格付钱的方式使其排放变得正当。设立基金以支持在发展中国家实施植树造林和使用清洁能源的计划，当然是值得的。但是这种补偿行动也产生了一个危险：那些购买碳排放权的人会认为他们自己并不承担任何一种进一步促使气候发生变化的责任。这里的危险在于，至少对某些人来讲，碳补偿行动会成为一种相当轻松的机制：我们只需要付钱，就无须对我们原有的习惯、态度和生活方式做出更为根本性的改变，而这些改变对解决气候问题来说可能是必需的。[51]

碳补偿行动的批评者把这类比成赎罪，即有罪的人用付钱给教会的方式来补偿他们的罪过。网址为 www.cheatneutral.com 的网站对碳补偿行动进行讥讽，把补偿买卖说成一种不忠行为。如果生活在伦敦的某个人因出轨而感到内疚，那么他就可以付钱给曼彻斯特的某个人要他对家庭保持忠诚，以此来"补偿"他的罪过。这个道德类比并不完全恰当：对感情的不忠并不是因为它增加了这个世界的不幸总量而遭到反对；它是对某个特定的人所犯的错误，因而是无法通过在其他地方做某种有德的事情而变得正确的。与之形成对照的是，碳排放并不是这种错误，而是一种累积性的错误。[52]

批评者们仍言之有理。将排放温室气体的责任商品化和个体化，可能会引发与上面那个日托幼儿园的例子（向迟接孩子的家长收费，结果迟到的家长反而增加了，而不是减少了）一样的困境。一如我们所知：在全球变暖的时代，驾驶一辆悍马车不再是一种身份的象征，而是一种贪得无厌、自我堕落的浪费的象征。与之相反，混合动力汽车则有着某种特定的声望。但是，碳补偿行动却因为给碳排放赋予了某种道德许可而可能会破坏这些规范。如果悍马车的车主可以通过向一个在巴西植树造林的组织开具支票而减轻自己心中的内疚感，那么他们就不大可能把他们大排量的汽车换成混合动力汽车。从表面上看，悍马车拥有者们开具支票的举动似乎是值得尊敬的，而不是不负责任的，但是这样下去，对气候变化做出更广泛的集体回应的压力也会由此减弱。

当然，我所描述的这个情景是虚构的。罚金、费用及其他金钱激励措施对规范产生的影响不可能得到准确的预测，还会因为情形的不同而不同。我的看法是：市场反映并推广了某些规范，即评价被交易物品的某些特定的方式。因此，在决定是否要将某种物品商品化的时候，我们不只要考虑效率和分配公平，还必须追问这些市场规范是否会排挤掉非市场规范，而且如果会，那么这是否代表了一种得不偿失。

我并不是在宣称，促进人们对环境、养育孩子及教育抱持有德行的态度，永远都优于对其他因素的考量。贿赂有时候也会发挥作用，而且在某些场合，贿赂是有道理的。如果给那些成绩不好的孩子钱让他们读书，可以极大地提高他们的阅读技巧，那么我们就可能会决定尝试这么做，以期教会他们在以后也热爱学习。但是需要记住的是，我们采取的这种贿赂行为（一种在道德上有所妥协的做法）乃是在用一种较低的规范（为赚钱而读书）取代一种较高的规范（因为爱读书而读书）。

随着市场和以市场为导向的思维方式侵入传统上由非市场规范调整的各个生活领域——健康、教育、生育、难民政策、环境保护等，上述困境出现得更频繁了。当经济效率或经济增长的承诺意味着要给我们认为无价的物品定价的时候，我们应当做些什么呢？当我们在决定是否要进入存在道德问题的市场以期实现一些有价值的目的时，我们有时候也会感到左右为难。

付费猎杀犀牛

假设我们的目的是保护濒危物种，比如黑犀牛。从1970年到1992年，非洲的黑犀牛数量从6.5万头减少到了2 500头以下。尽管猎杀濒危物种是非法的，但大多数非洲国家却依旧无力保护黑犀牛免遭偷猎者的射杀，这些偷猎者会在亚洲和中东卖掉犀牛角以获取高额利润。[53]

在20世纪90年代及21世纪初，一些野生动物保护组织和南非保护生物多样性机构的官员开始考虑用市场激励措施来保护濒危物种。如果允许私人农场主把射杀数量有限的黑犀牛的权利出售给狩猎者，那么农场主就有动机去饲养、照顾黑犀牛并阻止偷猎者的捕杀。

2004年，《濒危野生动植物种国际贸易公约》批准南非政府颁布猎杀5头黑犀牛的许可。黑犀牛是一种极其危险且很难射杀的动物，因而猎杀者都非常珍视猎杀一头黑犀牛的机会。数十年里的首次合法猎杀被要求支付一大笔钱：15万美元。后来，一位美国银行业的狩猎者支付了这笔费用。此后的消费者还包括一位俄罗斯的石油大亨，他付费射杀了3头黑犀牛。

市场解决方案似乎是有效的。在肯尼亚，猎杀黑犀牛仍然是被禁止的。由于土地上的原生植物被清除并被用于农耕和畜牧，黑犀牛的数量已从2万头减少到了大约600头。然而在南非，土地所有者现在因为有了金钱激励而愿意把大量牧场空出来饲养野生动物，黑犀牛的数量开始回升。

对那些不被运动狩猎困扰的人而言，出售射杀黑犀牛的权利乃是一种用市场激励措施去拯救某个濒危物种的明智方法。如果捕猎者愿意支付 15 万美元去猎杀一头黑犀牛，那么农场主就有动力去养殖、保护黑犀牛，并由此增加供给。这是一种有着双重效果的生态旅游："来付费射杀一头濒临灭绝的黑犀牛。你不仅能得到一种难忘的体验，还能保护黑犀牛。"

从经济逻辑的角度来看，市场解决方法似乎是一种不争的胜者。它使一些人获益，但却没使任何人亏损。农场主赚了钱，捕猎者有机会去大胆地捕杀危险动物，而且濒危物种重新从灭绝的边缘回到了正常状态。谁还会抱怨呢？

当然，这取决于运动狩猎的道德地位。如果你认为，为了运动而杀害野生动物在道德上是应予以反对的，那么犀牛狩猎市场就是一种邪恶的交易，是一种道德勒索。你可能会因为这种做法对保护犀牛有好处而表示赞赏，但却会对如下事实予以谴责：这个结果是通过迎合你所认为的富有的狩猎者的邪恶快感而得到的。这就好比为了使原始的红杉林免遭破坏而允许伐木工人向富有的捐款人出售砍伐一些红杉树的权利。

那么，我们应当做些什么呢？你可能会基于如下理由反对市场解决方法，即运动狩猎的道德丑态超过了保护犀牛而获得的利益。或者，你有可能决定支付道德勒索费用并出售猎杀犀牛的权利，以期拯救濒危物种。正确的答案在某种程度上取决于市场能否真的带来它所承诺的利益。但是，它也取决于运动狩猎者把野生动物当作运动的对象来看待是不是错误的，而且如果是错误的，那么它就取决于这个错误的道德意义。

在这里，我们再次发现，如果没有道德逻辑，市场逻辑是不完整的。如果我们不解决有关恰当评价买卖射杀犀牛权利的道德问题，那么我们就无法确定这种权利是否应当被拿来买卖。当然，这是一个纷争不止的问题。但是，赞同市场解决方法的依据是不能与那些有争议的问题——有关评价我们所交易物品的正确方式的问题——分割开来的。

巨兽猎人在本能上会理解个中要点。他们明白，其运动（以及付费猎杀犀牛）的道德合法性取决于某种特定的有关正确看待野生动物的观点。一些运动狩猎者宣称他们崇敬他们的猎物，并主张射杀一头猛兽是尊重它的一种方式。一个在 2007 年付费猎杀一头黑犀牛的俄罗斯商人说："我之所以猎杀黑犀牛，是因为这是我能给予黑犀牛的最高敬意之一。"[54] 批评者说，射杀生物是崇拜它的一种奇怪方式。运动狩猎是不是以一种恰当的方式来评价野生动物，是一个处于该争论核心地位的道德问题。它又把我们带回到态度和规范的问题上：是否应当创建一个猎杀濒危物种的市场，不仅取决于该市场是否会增加它们的数量，还取决于该市场是否表达和促成了一种正确评价它们的方式。

黑犀牛市场之所以具有复杂的道德面貌，是因为它试图通过推广一些有问题的对待野生动物的态度来保护濒危物种。下面是另一个狩猎的例子，它向市场逻辑提出了一个更为严峻的考验。

付费猎杀海象

几个世纪以来，大西洋的海象就像美国西部的野牛一样遍布加拿大的北极地区。由于海生哺乳动物的肉、皮、油脂及乳白色的牙齿都非常珍贵，所以对狩猎者而言，毫无防御能力的大量海生哺乳动物就很容易成为他们的猎物。因此，到 19 世纪末，海象的数量已大幅减少。1928 年，加拿大开始禁止人们猎杀海象，但是因纽特人除外，因为作为原住民狩猎者，在长达 4 500 年的历史中，他们都是以猎杀海象为生的。[55]

20 世纪 90 年代，因纽特人的头领们向加拿大政府提出了一个建议：为什么不允许因纽特人把他们拥有的一些海象配额的射杀权利出售给巨兽猎人？这样做，被射杀的海象数量与之前相比并不会发生改变，而因纽特人可以收取这笔狩猎费用，并指导运动狩猎者、监督他们的捕杀，并像他们过去做的那样保留海象的肉和皮。这项计划可以改善一个贫穷部落的经济水平，而被捕杀的海象也不会超过现有规定的配额。加拿大政府后来同意了这个建议。

今天，世界各地富有的运动狩猎者都跑到北极，希望有机会射杀一头海象。他们支付 6 000~6 500 美元以获得这样的特权。他们来到这里既不是为了体验追逐一头野兽所带来的刺激，也不是为了体验追逐一个很难捕捉的猎物所带来的挑战。海象不是一种危险动物，它们移动缓慢，绝不是拿枪的狩猎者的对手。在《纽约时报杂志》的一则引人入胜的描述中，C. J. 奇弗斯把在因纽特人监督之下的海象狩猎比作"长途跋涉后去射杀一个庞大的豆袋椅"。[56]

向导们把船驶到距海象 15 码[①] 的范围内，并告诉狩猎者何时射

---

① 1 码约为 0.91 米。——编者注

击。奇弗斯很形象地描述了这一场景：一位来自得克萨斯州的运动狩猎者参与了一场射杀猎物的游戏，"子弹正中巨兽的颈部，它的头一晃便倒了下去。鲜血从弹孔中喷涌而出，巨兽不再动弹了。'狩猎者'放下他的枪，举起相机进行拍摄"。接着，因纽特人开始艰难地工作：把死海象拖上浮冰，把皮和肉切割开来。

这样一种狩猎的吸引力是很难理解的。它没有任何挑战，更像是一种具有破坏性的旅行，而不是一项运动。狩猎者甚至不能把猎物的肉和皮作为奖品带回家。海象在美国是受保护的，因此把它的身体部位带回美国是违法的。

那为什么还要射杀海象呢？显然，这是为了实现一个目标，即射杀"狩猎俱乐部"提供的狩猎单上的某个物种，比如非洲的"五巨兽"（豹子、狮子、大象、犀牛和南非水牛）或北极的"大满贯"（驯鹿、麝牛、北极熊和海象）。

很难说这是一个值得称赞的目标。很多人对此都很反感。但是请记住，市场并不会对它满足的各种欲望做出道德判断。事实上，从市场逻辑的角度来看，允许因纽特人出售他们拥有的射杀一定数量海象的权利有很多好处。因纽特人有了一个新的收入来源，而且"名册狩猎者"得到了完成射杀其狩猎单上的野兽的机会，又没有超出现行规定的捕杀配额。在这个意义上，出售射杀海象的权利就与出售生育权或碳排放权一样。一旦你拥有一个配额，市场逻辑就会告诉你，允许交易的许可证可以提高公共福利。它在没有使任何人受损的情况下可以使一些人获益。

然而，就射杀海象市场而言，还存在着人们颇有分歧的道德问题。为了便于论证，让我们假设，允许因纽特人继续他们的猎杀海象的生存方式是合理的。但是基于下述两个理由，对允许他们出售射杀海象权利的做法在道德上仍是可以加以反对的。

第一个理由认为，这个古怪的市场迎合了一种不正当的欲望，因此在对社会效用做任何一种计算的时候，这种欲望都不应当被重视。无论你是如何看待巨兽狩猎的，这都不是你认为的那种巨兽猎杀。在没有任何挑战或刺激的情况下近距离射杀一头无力抵抗的动物的欲望，即为了打破一项纪录的那种欲望，是不值得被满足的，即使这样做可以为因纽特人提供额外的收入。第二个理由认为，因纽特人把分配给他们的射杀海象的权利出售给非因纽特人，首先腐蚀了他们的国家赋予他们部落的特权的意义和目的。尊重因纽特人的生活方式，以及尊重他们长久的以射杀海象为生的方式是一回事，而把这种特权转变成一种赚钱的射杀副业则完全是另一回事。

激励措施与道德困境

20世纪后半叶，保罗·萨缪尔森（Paul Samuelson）所著的《经济学》是美国最重要的经济学教科书。近来我翻看了该书的一个早期版本（1958年版），想看一看他认为的经济学是什么样子的。他用传统的研究对象把经济学界定为一个"由价格、工资、利率、股票和债券、储蓄和贷款、税收和支出构成的世界"。经济学的任务是具体的，同时也是受限制的：解释如何能够避免经济萧条、失业和通货膨胀现象，研究"告诉我们如何能够保持高生产力"及"如何能够提高人们的生活水平"的各项原则。[57]

今天，经济学已经与它传统的研究对象拉开了不小的距离。让我们来看一看曼昆在他极富影响力的最新版的经济学教科书中给经济学下的定义："就什么是'经济学'这个问题而言，它毫无神秘之处可言。经济学研究的就是一些人在他们自己的生活中彼此之间发生的互动关系。"

根据这种解释，经济学关注的不仅有物质商品的生产、分配和消费问题，也涉及一般意义上的人际互动及个人据以做出决定的各项原则。曼昆指出，在这些原则中，最重要的原则之一是"人们会对激励措施做出回应"。[58]

关于激励措施的讨论在当代经济学中可以说是无处不在，因此可以用它来界定该学科。芝加哥大学的一位经济学家史蒂芬·列维特和史蒂芬·都伯纳在《魔鬼经济学》（Freakonomics）一书的开头几页中写道，"激励措施是现代生活的基石"，因此"经济学在根本上就是对激励措施的研究"。[59]

人们很容易忽视上面这个定义的新颖之处。"激励措施"这个说法是经济学思想在近期的一个发展。"激励"这个词不曾出现在亚当·斯密或其他经典经济学家的论著中。[60] 实际上，这个词直到 20 世纪才开始进入经济学的论述中，而且直到 20 世纪八九十年代才开始处于主导地位。根据《牛津英语词典》的记载，这个词最早在经济学语境中的出现，是在 1943 年的《读者文摘》（Reader's Digest）中："查尔斯·威尔逊先生……极力敦促战时的各个行业采取'激励付酬方式'——就是说，工人生产得越多，就能拿到越多的钱。"由于市场和市场思维方式的影响力不断得到强化，所以"激励措施"这个术语的使用在20世纪后半叶也突然盛行起来。根据谷歌网站的图书搜索，从20世纪40年代到90年代，该术语的使用率上升了400多个百分点。[61]

把经济学看成对各种激励措施的研究，无异于让市场侵入日常生活。同时，它也赋予了经济学家一种积极的角色。加里·贝克尔在20世纪70年代提出的那些被用来解释人类行为的"影子价格"乃是不明确的价格，而不是实际的价格。它们是经济学家们想象、假设或推断出的类似隐喻的价格。相反，激励措施是经济学家（或政策制定者）设定、规划和强加给这个世界的各种干预措施。这些激励措施是促使人们减肥、更积极地工作或减少污染的各种方式。列维特和都伯纳写道："经济学家们热爱激励措施。他们喜欢构想它们并将其付诸实施，研究它们并对其进行修正。一名典型的经济学家相信，这个世界还没有提出一个他无力解决的问题，只要他被给予一只自由的手去设计恰当的激励方案。他的解决方案可能并不总是那么漂亮——它可能包含强制或过度惩罚或对公民自由权的侵犯——但令人放心的是，那个最初的问题是可以得到解决的。一项激励措施可以是一枚子弹、一个杠杆、一把钥匙：它常常是一个可以改变某种处境的、有着惊人力量的、微小的举措。"[62]

这与亚当·斯密把市场视作一只看不见的手的形象相去甚远。一旦激励措施成为"现代生活的基石"，市场就会成为一只沉重的手，一只具有操控力的手。（让我们回想一下鼓励节育和鼓励学生取得好成绩的金钱激励措施）。列维特和都伯纳指出："大多数激励措施不会自发出现，需要某个人——一位经济学家、一位政治家或一位家长——去发明它们。"[63]

激励措施在现代生活中的使用频率不断增加，而且需要某人有意识地去发明它们，这个事实可见于近期流行起来的一个不怎么文雅的新动词："激励"（incentivize）。根据《牛津英语词典》的说法，激励就是"通过提供一种（通常是金钱方面的）激励措施来驱动或鼓励（一个人，特别是雇员或消费者）"。这个词可追溯至1968年，但却是近10年才流行起来的，特别是在经济学家、企业高管、行政官员、政策分析师、政治家、社论作者那里。1990年之前，这个词很少出现在著作中。自那以后，这个词的使用频率增加了1 400多个百分点。[64]在律商联讯（LexisNexis）的网站上，对一些主要报刊的搜索也显示出同样的趋势：

"激励"和"激励措施"在主要报刊上出现的次数[65]：

20世纪80年代	48
20世纪90年代	449
21世纪前10年	6 159
2010~2011年	5 885

近来，"激励"这个词已经出现在了总统的演讲中。乔治·H. W. 布什（老布什）是第一位在公开演讲中使用该术语的美国总统，他一共使用了两次。克林顿在8年任期内只使用过一次，与小布什

差不多。奥巴马在其任期的头 3 年，就使用"激励"一词多达 29 次。他希望激励医生、医院和医疗卫生供应者更加关注预防性措施，并希望"鼓动、刺激和激励银行"为那些负责任的房主和小企业提供贷款。[66]

英国首相卡梅伦也喜欢使用这个词。在对银行家和企业界领袖发表讲话时，他呼吁他们更努力地去"激励"一种"敢于冒险的投资文化"。他在 2011 年伦敦骚乱后对英国民众发表讲话时抱怨道，这个国家及其机构"此前一直在容忍、姑息，有时甚至在激励人性中某些最糟糕的方面"。[67]

尽管经济学家们有了这种新的激励嗜好，但他们中的大多数人却仍坚持要对经济学和伦理学（即市场逻辑和道德逻辑）进行区分。列维特和都伯纳解释说，经济学"绝不做道德买卖。道德代表的是我们希望世界运作的方式，经济学代表的则是世界实际运作的方式"。[68]

有人认为，经济学乃是一门独立于道德哲学和政治哲学的价值中立的学科。不过，这种观点一直以来都饱受争议。但是眼下经济学所持的那种傲慢的抱负，却使得上述主张很难得到辩护。市场把它的手向非经济生活领域伸得越深，市场与道德问题就纠缠得越紧。

下面让我们来考虑一下经济效率的问题。我们为什么要关注这个问题呢？很可能是为了使社会效用（也就是人们理解的偏好总和）最大化。正如曼昆解释的那样，资源的有效配置会使所有社会成员的经济福利最大化。[69]那么，为什么要使社会效用最大化呢？很多经济学家不是忽视这个问题，就是求助于某种功利主义的道德哲学。

但是功利主义会招致一些类似的批评。与市场逻辑最相关的批评会追问这样的问题：我们为什么应当在不考虑各种偏好的道德价值的情形下最大限度地满足那些偏好？如果一些人喜欢歌剧，而另一些人喜欢格斗或摔跤，我们是否就不该对其指手画脚，并且在计算效用的时候给予这些偏好同等重要的地位？[70] 当市场逻辑关注物质商品（诸如汽车、烤炉和平板电视）的时候，上述那种批评是无关宏旨的。我们有理由假定，物品的价值就是一个消费者偏好的问题。但是当市场逻辑被运用到性、生育、孩子抚养、教育、健康、刑罚、移民政策、环境保护等问题上时，我们就不太有理由假定说，每个人的偏好都具有同等的价值。在这些充满道德意义的领域中，一些评价物品的方式可能会比另一些方式更重要也更为恰当。如果事实是这样的，那么我们就不清楚我们为什么还应当在不追究其道德价值的情形下无倾向地满足这些偏好。（你想培养孩子读书的欲望是否真的应当与你的邻居想近距离射杀海象的欲望具有同等价值？）

所以，当市场逻辑被扩展运用到物质商品以外的领域时，它必然要"进行道德买卖"，除非它想在不考虑它所满足的那些偏好的道德价值的情形下盲目地使社会效用最大化。

我们还有更进一步的理由认为，市场的扩张使得市场逻辑与道德逻辑（也就是解释世界与改善世界）之间的区分变得更复杂了。经济学的核心原则之一是价格效应：当价格上涨时，人们就会少买东西；当价格下跌时，人们就会多买东西。在我们谈论例如平板电视市场的时候，这项原则从一般意义来讲是可靠的。

但是正如我们所看到的，当我们把这项原则运用到那些受非市场规范调整的社会惯例（比如按时去托儿所接孩子）上的时候，它就没那么可靠了。当迟接孩子要支付的费用上涨的时候，迟接孩子的父母反而增加了。这个结果表明，规范的价格效应是有错误的。但是，如果你认识到把一种物品市场化会改变它的意义，那么这种结果也就可以理解了。给迟接孩子的事情定价，改变了这里的规范。曾经按时接孩子被视作道德义务（不给老师带来不便），现在却被看成了一种市场关系，其间，迟接孩子的家长只需向老师支付延时的服务费就可以了。作为一种结果，激励措施在这里反而使迟接孩子的父母增加了。

托儿所的例子表明，当市场侵入受非市场规范支配的各个生活领域时，规范的价格效应便会失效。增加迟接孩子的（经济）成本，并没有减少迟接孩子的父母，反而增加了。所以，为了解释世界，经济学家就必须弄清楚，给某种活动定价是否会把非市场规范排挤掉。为了做到这一点，他们还必须对影响某种特定做法的各种道德认识进行调查研究，并确定（通过提供一种基于金钱的激励措施或非激励措施）把这种做法市场化是否会取代那些认识。

从这个意义上说，经济学家可能会承认，为了解释世界，他必须研究道德心理学或道德人类学，也就是必须弄清楚相关领域盛行的是什么规范，以及市场会如何影响它们。但是，为什么这意味着要考虑道德哲学？答案包括以下理由。

在市场侵蚀非市场规范的地方，经济学家（或某个人）必须确定这是否代表我们失去了我们应予以关注的某种东西。我们是否应当在意：家长是否不再为迟接孩子而感到内疚，并是否应当用一种更工具性的方式来看待他们与老师之间的关系？如果付钱鼓励孩子读书会使孩子把读书看成一份赚钱的工作并且会减少读书本身的乐趣，那么我们是否应当在意呢？问题的答案会依情形的不同而不同。但是，这个问题不仅仅使我们对某种金钱激励措施是否会起作用这一点进行预测，它还要求我们对下述问题做出道德评价：可能会被金钱侵蚀或排挤出去的态度和规范具有何种道德重要性？非市场规范和预期的缺失是否会以使我们感到懊悔的方式改变那种活动的性质？如果是这样，我们是否应当避免把金钱激励措施引入这种活动，即使这些措施有可能带来某种好处？

对这些问题的回答，取决于相关活动的性质和目的，以及界定该活动的规范。即便是托儿所，在这个方面也各有差异。在一家合作性质的托儿所中，父母每个星期都会自愿花几个小时去做义工；在一家传统的托儿所中，父母则会付钱给老师让他们去照顾孩子，然后去干自己的事情。因此，一家合作性质的托儿所与一家传统的托儿所相比，取代人们对彼此义务的共同预期会给前者带去更多的伤害。但是无论如何，有一点是清楚的，那就是我们处于道德领域之内。为了决定我们是否应当依赖金钱激励措施，我们需要追问这些激励措施是否会腐蚀那些值得我们予以保护的态度和规范。而为了回答这个问题，市场逻辑必须变成道德逻辑。无论如何，经济学家必须"进行道德买卖"。

第 3 章

市场是如何排挤道德规范的

是否有某些东西是不可以用金钱来买卖的？如果有，那么我们又如何能够确定哪些物品和活动是可以正当买卖的，而哪些物品和活动是不可以正当买卖的？我建议，我们通过提出一个略微不同的问题来着手探讨上述问题，而这个略微不同的问题便是：是否有某些东西是金钱不能买的？

金钱能买什么和不能买什么

　　就上述"是否有某些东西是金钱不能买的"这个问题而言，大多数人会做出肯定的回答。我们可以"友谊"为例。假设你想有更多的朋友，那么你会设法去买一些朋友吗？这是不可能的。稍稍一想，你就会意识到，就"友谊"而言，"购买"这种方式是无效的。一个雇来的朋友与一个真正的朋友是不一样的。你可以雇人来做你的朋友一般会做的一些事情，比如，当你出门时帮你收信件，必要时帮你照看小孩，或者扮演情绪治疗专家聆听你的苦恼并给你同情性的建议，等等。眼下，你甚至可以通过为你的脸书网页雇用一些俊男美女"朋友"来增加你的网络知名度，而价钱是每位"朋友"每月 99 美分。[当被使用的照片（大多数是模特的照片）未得到授权时，虚拟朋友的网页则会被关闭。[1]] 尽管这些服务都可以拿来买卖，但实际上你是不可能买到一个真正的朋友的。总之，用来买友谊的金钱要么会把友谊消解，要么会使友谊完全变味儿。

或者，我们也可以考虑一下诺贝尔奖的情形。假设你拼命想得到诺贝尔奖，但是你按正常的方式却未能获得诺贝尔奖。这时，你可能会突然产生去买一项诺贝尔奖的念头。但是，你很快就会意识到这种方式是无效的，因为诺贝尔奖不是金钱能够买的那种东西。美国职业棒球大联盟最有价值球员奖也不是金钱能够买的那种东西。如果某位"诺贝尔奖"前得主或"美国职业棒球大联盟最有价值球员奖"前得主愿意卖掉他的奖品，那么你就可以买到这个奖品，还可以把这个奖品陈列在你的客厅里。但是，你无法买到那个奖项本身。

这不只是因为诺贝尔奖委员会和美国职业棒球大联盟不出售这些奖项。即使诺贝尔奖委员会和美国职业棒球大联盟拍卖它们的奖项，比如，一年出售一个诺贝尔奖，那么你所购得的那个奖也定会与真正的奖不一样。市场交易会消解赋予该奖项价值的那种善。这是因为诺贝尔奖是一种表达尊敬的物品。购买诺贝尔奖就是在消解你追求的那种物品。一旦人们得知有人购买了诺贝尔奖，诺贝尔奖就不再会传递出或表达出人们在被授予该奖时所得到的那种尊敬和认可。

美国职业棒球大联盟最有价值球员奖的情况亦是如此。该奖项也是表达尊敬的物品。如果该奖项是买来的，而不是靠赛季的本垒打比赛获胜或其他精彩表现获得的，那么这个最有价值球员奖的价值就会被消解。当然，表征一个奖项的奖品与这个奖项本身是有区别的。事实的确如此，美国好莱坞奥斯卡金像奖的一些得主卖掉了他们的奥斯卡金像奖杯，或把这些奥斯卡金像奖杯留给了他们的继承人，而他们的继承人则把奖杯卖掉了。苏富比拍卖行和其他拍卖行拍卖了其中的一些奖杯。1999年，迈克尔·杰克逊用154万美元购得了奥斯卡最佳影片奖《乱世佳人》的奥斯卡金像奖杯。颁发奥斯卡金像奖的美国电影艺术与科学学院反对买卖奥斯卡金像奖杯，因此它后来要求奥斯卡金像奖得主签署一项承诺不出售奥斯卡金像奖杯的协议。颁发奥斯卡奖的官方机构不想将符号性的雕像变成商业性的收藏品。无论收藏家是否有能力购买奥斯卡金像奖杯，购买奥斯卡最佳女主角奖与赢得奥斯卡最佳女主角奖显然是不一样的。[2]

上述这些较为显著的事例为我们所关注的那个更具挑战性的问题提供了某种启示，那个问题是：是否有一些东西是金钱能够买到但却不应当买的？让我们来考察一种能够买但它的买卖却会在道德上引起争议的物品，比如人的肾脏。一些人会为器官移植市场辩护，而另一些人则发现这种市场在道德上是令人厌恶的。即使购买肾脏是错误的，但其问题并不会像诺贝尔奖那样：金钱会消解该物品的价值。假设移植的肾脏和人体很匹配，那么该肾脏就会发挥作用，而与支付金钱无关。因此，为了确定肾脏是否应当拿来买卖，我们必须做一番道德探究。我们必须检视赞同或反对器官买卖行为的各方观点，并确定哪方的观点更具说服力。

或者，让我们来思考一下婴儿买卖的事例。几年前，"法律和经济学"运动的领军人物理查德·波斯纳（Richard Posner）法官，曾建议用市场手段来分配那些待收养的婴儿。波斯纳承认，相较于不太讨人喜欢的婴儿，一些更讨人喜欢的婴儿的价格更高。但是他论辩说，在分配待收养的婴儿这件事情上，自由市场会比现行的收养制度做得更好，因为现行的收养制度虽允许收养机构收取一定的费用，但却不允许拍卖婴儿或索要市场价格。[3]

许多人不赞同波斯纳的这项建议。他们主张，无论市场多么有效，孩子都不应当拿来买卖。在认真审视这场争论以后，值得我们注意的是它所具有的一个明显特征，即像肾脏市场一样，婴儿市场也不会消解婴儿购买者试图获得的那种物品。在这个方面，买来的婴儿不同于雇来的朋友或买来的诺贝尔奖。如果存在一个收养婴儿的市场，那么人们以现价购买就可以得到他们想要的东西——孩子。这样一个市场是否存在道德争议，乃是一个需要我们更进一步予以思考的问题。

因此，乍看起来，下述两类物品之间有一种明显的区别：一类东西（如朋友和诺贝尔奖）是金钱不能买的；而另一类东西（如人的肾脏和孩子）是金钱能买的，但在是否应当买卖上存有争议。然而，我认为，这二者的区别并没有那么明确。我们如果审视得更仔细些，便可以发现上述显著的情形（雇朋友和购买诺贝尔奖）与上述存有争议的情形（购买人的肾脏和孩子）之间存在着某种联系。在上述显著的情形中，金钱交易损毁了人们所购买的物品；在上述有争议的情形中，物品会在被买卖后存续，但结果是它有可能遭到贬损、腐蚀或减少。

雇人道歉与购买婚礼祝词

我们可以通过考察一些介于购买友谊与购买肾脏之间的事例来探究上述两种情形中的那种联系。如果金钱不能购买友谊，那么友谊的表征，或亲密的、爱慕的或懊悔的表示又如何呢，也不能买吗？

2001年，《纽约时报》刊发了一篇关于一家中国公司的报道。该公司提供一项独特的服务：如果你需要向某人（如已经分手的恋人或已经闹翻的商业合作伙伴）道歉，而你又不想亲自去向对方道歉，那么你便可以雇用天津道歉公司代表你去道歉。天津道歉公司的口号是："我们替你道歉！"这篇文章还说，专业道歉工作人员是"一些拥有大学学历、身穿深色制服的中年男性和女性。他们是拥有'出色口头表达能力'和重要生活经验的律师、社会工作者和教师。当然，他们在咨询方面还接受过额外的培训"。[4]

我不知道天津道歉公司是否取得了成功，甚至不知道该公司是否依然存在。但是，我在读到这篇有关天津道歉公司的报道时产生了一种疑惑：买来的道歉可行吗？如果某人冤枉了你或冒犯了你，然后他派一个雇来的道歉者向你赔罪，你会感到满意吗？它也许取决于各种情境，甚至可能取决于成本。你会认为一个昂贵的道歉比一个廉价的道歉更有意义吗？或者说，需要道歉之人的道歉行为应该包含懊悔之意，以至于它是不能被外包的？如果雇人道歉无论花费多大都无法达到本人道歉的效果，那么道歉就像朋友一样，也是金钱不能买的那类东西。

让我们考虑一下另一种与友谊密切相关的社会惯例，即对新人致婚礼祝词。按照传统习俗，婚礼祝词是由伴郎（通常是新郎最亲密的朋友）向新婚夫妇表达的温暖、有趣和衷心的美好祝愿。但是，构思一篇优雅的婚礼祝词并不简单，许多伴郎觉得自己无法完成这项任务。于是，一些伴郎会去网上购买婚礼祝词。[5]

"完美祝词网站"就是专门为人代写婚礼祝词的一家领先的网站。"完美祝词网站"自1997年开始运营。你只要在网上回答一份调查问卷（内容包括新娘和新郎是如何相遇的，你会如何描述新娘和新郎，你是想要一篇幽默风趣的祝词还是一篇感情真挚的祝词，等等），便可以在3个工作日内收到一篇量身定做的3~5分钟的祝词。代写一篇婚礼祝词的价格是149美元，可以用信用卡支付。对那些支付不起代写婚礼祝词费用的伴郎来说，其他一些网站——如"即时婚礼祝词网站"——也会出售给他们规范的、事先写好的婚礼祝词，每篇价格为19.95美元。而如果客户对服务不满意，则可以退款。[6]

假设在你的婚礼上，你的伴郎发表了一篇热情洋溢并让你热泪盈眶的婚礼祝词。事后，你了解到你的伴郎给你们的婚礼祝词并不是出自他本人，而是从网上买来的。对此，你会在意吗？这篇婚礼祝词在当下的意义会不及你的伴郎当初念它的时候（在你不知道这篇婚礼祝词是由枪手代写的时候）的意义吗？我们中的大多数人很可能会回答"不及"，也就是说，买来的婚礼祝词不如由伴郎亲自撰写的有价值。

有人可能会论辩说，各国的总统和首相通常也会雇用演说稿撰写者，却没有人会为此指责他们。但是，婚礼祝词并不是国情咨文，而是对友谊的一种表达。尽管买来的婚礼祝词在达到预期效果的意义上可能是"有效的"，但是这种效果的达到却可能取决于一种欺骗因素。

这里有一个测试：如果你为了在最好朋友的婚礼上发表婚礼祝词这件事感到头疼，而去网上买了一篇感人且真挚的婚礼祝词杰作，那么你是会曝光购买婚礼祝词这个事实，还是会竭力掩盖这个事实？如果买来的婚礼祝词需要借助掩盖它的出处来达到效果，那么我们就有理由相信，买来的婚礼祝词乃是对祝福人亲自撰写的婚礼祝词的一种腐蚀。

从某种意义来讲，道歉和婚礼祝词是金钱能够买的物品。但是，买卖道歉和婚礼祝词却改变了它们的品质，并且贬低了它们的价值。

抵制礼物的理据

现在让我们来看一下友谊的另一种表达方式——送礼。与婚礼祝词不同，礼物难免有物质的一面。但是，就一些礼物而言，其在金钱方面体现得不那么显眼；就另一些礼物而言，其在金钱方面体现得则相对明显。在最近几十年里，礼品货币化已经成了一种趋势，而这也是社会生活日趋商品化的另一个例子。

经济学家不喜欢送礼。或者更确切地说，经济学家很难把送礼视为一种理性的社会惯例。从市场逻辑的角度来看，相比送礼，直接给现金更好。如果你设想人们一般都了解自己的偏好，而且送礼的目的是让你的朋友或心爱的人高兴，那么给钱就是最好的方式。即使你品位高雅，你的朋友也可能不喜欢你挑选的领带或项链。因此，如果你真的想要最大化你的礼物给人的好处，那么你就不要买礼物，只要把你本来买礼物所要花费的钱给他就可以了。你的朋友或心爱之人或者可以拿你给的钱去买你原本打算买的物品，或者（更有可能的情况是）可以拿你给的钱去买某种会给他带去更大愉悦感的物品。

这就是经济学家反对送礼的逻辑。这种逻辑受制于一些限定条件。如果你碰巧看到你朋友会喜欢但却不甚熟悉的物品（比如一种最新的高科技小物件），那么这个礼物就会比你信息闭塞的朋友用同样的钱所购买的东西给他带去更大的快乐。但是，这是一个与经济学家的基本假设相符的特殊情形，而经济学家的这个基本假设认为，送礼的目的就是使受赠人的福利或效用最大化。

美国宾夕法尼亚大学的经济学家乔尔·沃德佛格（Joel Waldfo-gel）把送礼的经济低效这个问题作为他长期研究的课题。所谓"低效"，沃德佛格意指两种价值间的落差：一个是你的婶婶送给你的生日礼物（价值 120 美元的带有菱形图案的毛衣）对你的价值（可能非常小），另一个是（如果你婶婶把购买该毛衣的 120 美元现金给你）你会买的那个东西（比如 iPod①）对你的价值。1993 年，沃德佛格在其论文《圣诞节的无谓损失》中，已然注意到了与节假日送礼相关的挥霍行为的盛行。沃德佛格在其近著《吝啬经济学：节假日不该送礼的理由》（*Scroogenomics: Why You Shouldn't Buy Presents for the Holidays*）中修订并详细阐述了前述论题："总而言之，当其他人给我们买东西（如衣服、音乐制品或其他任何东西）时，他们挑选的东西很可能不是我们会为自己挑选的。无论他们如何用心良苦，我们都能料到他们的选择是无法令我们满意的。相较于他们的支出本应带给我们的满意度，他们的选择可以说侵损了他们所付金

---

① iPod 是苹果公司设计和销售的系列便携式多功能数字多媒体播放器。——编者注

钱的价值。"[7]

按照规范的市场逻辑，沃德佛格得出结论，在大多数情形中，还是直接给钱更好："经济学理论和常识都使我们做出这样一种预期：就每一欧元、每一美元或每一谢克尔[①]的花费而言，我们给自己买东西比我们给他人买礼物会使我们更满意……买礼物一般都会侵损物品的价值，而且只有在极少数的最好特例中，买礼物才会令人觉得与给现金一样好。"[8]

在阐明了反对送礼的经济学逻辑之后，沃德佛格又对这种低效的做法侵损了多少价值进行了调查研究。他让礼物受赠人对他们收到的礼物进行估价，并询问他们愿意为他们收到的礼物付多少钱。他的研究得出结论："就每一美元的花费而言，我们认为，我们收到的礼品相较于我们为自己所买的物品在价值上少20%。"就是这个20%使得沃德佛格能够估算出美国全国范围内在节假日送礼将产生的总"价值损失"："假定每年在美国节假日中人们送礼总共要花费650亿美元，这意味着，与我们以通常的方式（精打细算的方式）为我们自己花费650亿美元所获得的满意度相比，我们会因为送礼而将少获得130亿美元的满意度。美国人是在以一种'大肆侵损物品价值'的方式庆祝节假日。"[9]

如果送礼是一种巨大的浪费和低效活动，那么我们为什么还要坚持这么做呢？这个问题在规范的经济学假设范围内很难得到回答。然而，格里高利·曼昆在他撰写的经济学教科书中却勇敢地尝试对此做出回应。

---

① 谢克尔，即以色列新谢克尔，是以色列的法定货币和巴勒斯坦的流通货币。——编者注

在回答这个问题时，曼昆一开始就指出，"送礼是一个奇怪的习俗"，但他同时也承认，如果在你男朋友或女朋友过生日时给他 / 她现金，而不是一件生日礼物，那一般来说是一个馊主意。这是为什么呢？

曼昆对这个问题的解释是，送礼是一种"发送信号"——一个意指用市场来克服"信息不对称"的经济学术语——的模式。比如，一家拥有高质量产品的公司花了巨额费用来打广告，其目的不仅是直接游说顾客购买其产品，也是在向他们"发送信号"：负担昂贵的广告费意味着该公司对其产品质量有足够的自信。而曼昆的言下之意是，送礼也是在以同样的方式发送信号。一个为送给女朋友礼物而精心琢磨的男人"心里有一则私密信息，即他的女朋友想知道：他是否真的爱她？为她挑选一件好的礼物是他爱女朋友的一个信号"。既然挑选礼物要花费时间和精力，那么挑选一件合适的礼物就是他"传递他爱女朋友这一私密信息"的一种方式。[10]

曼昆对上述问题的解释，是一种思考恋人与礼物问题的极其呆板的方式。"发送"爱的"信号"，与表达爱是不一样的。说发送信号，实际上是在错误地假定，爱是一则由一方传递给另一方的私密信息。如果是这样，那么给现金也会行之有效——钱给得越多，信号就越强，进而爱意（想必）也就越浓。但是，爱不只是（或主要不是）一个私密信息的问题。爱是一个人与另一人相处并回应另一人的行为或感情的一种方式。礼物（尤其是花心思的礼物）可以是爱的一种表示。从表示的角度来看，好的礼物不仅要让人高兴（满足受赠人消费偏好意义上的那种高兴），而且要反映赠送者与受赠者之间存在的某种特定的亲密关系。这就是为什么送礼要花费心思。

当然，并不是所有的礼物都可能有上面那种"表示"的意味。如果你出席一个远房兄弟的婚礼或某个商业伙伴的小孩的成人礼，那么较好的做法很可能是从婚姻登记处买一件礼物或者直接给现金。但是，给朋友、恋人或配偶现金而不是某件精心挑选的礼物，所传递的就是不把他/她放在心上的某种冷漠。这就好像用金钱代替了对朋友、恋人或配偶的关爱似的。

经济学家知道礼物有表达情感的一面，尽管他们的经济学原理无法解释这一点。亚历克斯·塔巴罗克（Alex Tabarrok）是一位经济学家和一名博主，他在一篇文章中指出："作为经济学家，我认为最好的礼物是现金，但是不作为经济学家的我则反对这种观点。"功利主义观点认为，理想的礼物是我们会为自己购买的那种物品：假设某人给了你100美元，而你用这100美元为你的车买了一副轮胎，这就是使你的效用最大化的东西。针对这种观点，塔巴罗克提供了一个很好的反例：如果你的恋人送给你的生日礼物是一副匹配你汽车的轮胎，那么你可能不会感到特别高兴。塔巴罗克指出，在大多数情形中，我们宁愿送礼的人送给我们某种奇特的东西，也就是某种我们不会为自己购买的东西。至少，我们愿意从我们的知己那里收到可以表达"狂野的自我、激情的自我或浪漫的自我"的礼物。[11]

我认为，塔巴罗克确实发现了一些东西。送礼物之所以并不总是对效用最大化的非理性背离，是因为礼物并不只是事关效用。一些礼物是对某些确定、质疑或重释我们的身份关系的一种表达。这是因为友谊除了对友谊双方有用，还有更多的意义。它的意义还包括在与他人相处的时候有助于人的性格的成长和人对自我的认知。正如亚里士多德教导我们的那样，友谊在最佳状态的时候还具有塑造和教育的意义。然而，将朋友之间所有形式的送礼都货币化，会在用功利性规范支配一切的过程中腐蚀友谊。

甚至用功利主义观点来审视送礼这一行为的经济学家也不能不注意到，送钱乃是一种例外而非常态，在地位同等者之间、配偶之间及其他重要的人之间更是如此。在沃德佛格看来，这便是他谴责的那种低效的渊源。那么，依照他的观点，又是什么在激励人们坚持这样一种大规模侵损价值的习惯呢？他认为，激励人们送礼而不给钱的是这样一个事实：现金被认为是一种承载某种恶名的"庸俗之礼"。不过，他并没有追问人们把送钱视为庸俗的观点是对还是错。相反，他撇开这种恶名所具有的减损效用的不良倾向，反而把这种恶名视为一种没有任何规范意义的非理性的社会事实。[12]

沃德佛格认为："如此多的圣诞礼物是实物而非现金，其唯一的原因就是人们认为送钱太俗。如果送钱没有这种恶名，那么送礼的人就会给现金，受赠人也会用这笔钱去买自己真正想要的东西，而这也会使受赠人得到最大程度的满足。"[13]史蒂芬·都伯纳和史蒂芬·列维特提出了一个类似的观点，即人们在送礼时之所以不愿意送现金，多半是由一种"社会禁忌"所致，而这种禁忌"粉碎了经济学家关于完美、有效交易的梦想"。[14]

对送礼的经济学分析在一个狭小的领域内说明了市场逻辑所具有的两个显著的特征。第一，这种分析表明了市场逻辑是如何偷偷地预设了某些道德判断的，尽管它声称自己是价值中立的。沃德佛格并没有评论过人们讨厌送钱的正当性，也从来没有追问过它是否有可能得到正当性证明。他只是假定，它是实现效用的一种非理性障碍，即一种在理想状态下应当加以克服的"功能失调的惯例"。[15] 他并没有考虑到这样一种可能性，即送钱的恶名会反映一些值得珍视的规范，比如那些与友谊密切相关的关爱规范。

坚持认为所有礼物的目的都是使效用最大化，也就是未经论证地假定：首先，效用最大化的友谊观是一种最合乎道德的观念；其次，对待朋友的正确方式就是满足朋友的偏好，而非质疑、扭曲或减损他们的偏好。

因此，反对送礼物的经济学理据并不是道德中立的。它预设了一种特定的友谊观，即一种被许多人认为不值一提的友谊观。然而，无论对送礼的经济学分析路径在道德上存在何种不足，这种分析路径都正日益占据支配地位。而这使得我们必须去直面送礼这个例子所具有的第二个显著特征。尽管它的道德假定存在争议，但是思考送礼的经济学方法却正在逐渐成为一种事实。在过去 20 年里，送礼的金钱面相已渐渐浮出水面。

礼物的货币化

下面让我们来考虑一下礼品卡兴起的情形。节假日的购物者正越来越趋向于赠送具有一定货币价值的礼品券或礼品卡（它们可以在零售店中兑换商品），而不是自己去寻找并购买恰当的礼物。礼品卡代表了一种折中的送礼形式，一种居于挑选具体礼物与给现金之间的形式。礼品卡不仅使得送礼人的送礼活动变得更简单，也给受赠人提供了更大的选择范围。一张塔吉特、沃尔玛或萨克斯第五大道的 50 美元礼品卡，通过让受赠人选择自己真正想要的某种东西的方式，避免了一件毛衣因为小两码而导致的那种"价值损失"。然而，礼品卡无论如何都是有别于给现金的。的确，受赠人确切地知道你花了多少钱，因为礼品卡的货币价值是明确的。尽管这是事实，但是相对于给现金，特定商场的一张礼品卡少很多恶名。或许，选择一家合适的商场所传递出的那种贴心的因素，至少在某种程度上会减轻那种恶名。

节假日礼物的货币化趋势在 20 世纪 90 年代开始盛行。当时，越来越多的送礼人开始给亲友送礼品券。20 世纪 90 年代后期，从礼品券向带磁条的礼品卡的转变，加速了节假日礼物货币化的趋势。从 1998 年到 2010 年，礼品卡年销售额几乎增加了 8 倍，超过了 900 亿美元。根据消费者问卷调查，礼品卡是人们现在的需求中最流行的节假日礼物，居于服装、视频游戏产品、消费类电子产品、珠宝和其他物品之前。[16]

传统主义者对这种趋势深深哀叹。朱迪丝·马丁（Judith Martin）是以"礼仪小姐"著称的礼仪专栏作家。她抱怨说，礼品卡已"掏空了节假日的心脏和灵魂。你的基本做法就是给人送钱——送钱让他们离开"。个人理财专栏作家莉兹·普利亚姆·韦斯顿（Liz Pulliam Weston）担忧的是，"送礼这门艺术正在迅速蜕变成一种完全商业化的交易"。她问道："从放弃现在的'送礼'方式，到我们开始相互直接扔一沓沓的美钞，难道还需要很长时间吗？"[17]

从经济学的逻辑来看，向礼品卡的转变乃是朝正确方向迈出的一大步。直接给美钞会更好。理由是什么呢？尽管礼品卡减少了礼物的"净损失"，但是它们却无法把这种"损失"完全消除。假设你的叔叔给了你一张 100 美元的可以在家得宝超市购买物品的礼品卡。这比给你一个你不想要的价值 100 美元的工具包好得多。但是，如果你不喜欢家装饰品，那么你还是会宁愿要现金的。毕竟，金钱就像一种在任何地方都可以兑换物品的礼品卡。

毫不令人感到惊讶的是，市场已经有了一种解决这个问题的办法。一些网店现在（以低于礼品卡面值的价格）会用现金购买礼品卡，然后倒手转售这些礼品卡。例如，一家名叫"卡片丛林"（Plastic Jungle）的网店会用 80 美元的价格收购你的一张面值 100 美元的家得宝礼品卡，再以 93 美元的价格转售该礼品卡。礼品卡的折扣率会根据礼品卡所能使用的商场的受欢迎程度而改变。一张面值 100 美元的沃尔玛或塔吉特礼品卡，"卡片丛林"网店会用 91 美元的价格收购。然而，一张面值 100 美元的巴诺书店礼品卡，如果出售给"卡片丛林"网店，很遗憾只能卖到 77 美元，略少于一张面值 100 美元的汉堡王礼品卡所能卖到的 79 美元。[18]

对那些关注礼物净损失的经济学家来说，上述二手市场可以量化你通过送礼品卡而非给现金这种方式强加给受赠人的经济损失：礼品卡的折扣率越高，礼品卡的价值与现金价值之间的落差也就越大。当然，无论是送礼品卡，还是给现金，都无法体现传统送礼方式所表达的那种贴心和关爱。贴心和关爱这些美德在礼物转变为礼品卡（并最终转变为现金）的过程中被削弱了。

一位研究礼品卡的经济学家提出了一种调和"现金的经济效率"与"贴心的传统美德"的方法："一个打算送礼品卡的人需要记住给现金的可能好处，并附上一张给受赠人的便条，告诉他这笔钱可以在 ____（此处填写商场的名称）消费。也就是在送礼品卡时再加上点儿有益的体贴。"[19]

送钱并附带一张令人高兴的便条（建议受赠人在哪里花掉这些钱），乃是一种被彻底解构的礼物。这就好比将功利元素和表达规范分别打包在两个盒子里，再用一根带子把它们系在一起。

我最喜欢的一个送礼商品化的例子是一种提供电子化的礼物转送服务的系统，该系统最近获得了专利。《纽约时报》上发表的一篇文章对这个系统进行了描述：假设你的婶婶送给你一个水果蛋糕作为圣诞礼物，水果蛋糕公司在发给你的电子邮件中通知你将得到这样一份贴心的礼物，同时给你提供下述 3 项选择——接受交付、用它交换其他东西或将这个水果蛋糕送给你礼物名单上某位不会拒绝的人。由于交易是在网络上发生的，所以你不必麻烦地将水果蛋糕重新打包，再把它送去邮局。如果你选择转送礼物，那么新的受赠人也会得到上述 3 项同样的选择。因此可能的情况是，这个没有人需要的水果蛋糕可以经由网络空间无限制地被转赠下去。[20]

一种可能令人感到糟糕的情况是：由于零售商执行一种透明的政策，所以水果蛋糕的上述"旅程"中的每一位受赠人都能知晓这个水果蛋糕的行程表。这会令人感到尴尬。如果你知道这个水果蛋糕已遭到了前面好几位受赠人的拒绝，而且直到现在才勉强地被塞给你，那么这很可能会削减你因得到这份礼物而本应产生的感激之情，进而消解该礼物的情感价值。这有点儿像这种情况：你发现你最好的朋友事先在网上购买了一份感情真挚的婚礼祝词。

买来的荣誉

尽管金钱买不来友谊，但在某种程度上，金钱却能买到友谊的表征和表达方式。正如我们业已看到的，把道歉、婚礼祝词和礼物转换成商品并不会把它们完全毁掉。但是，它确实侵损了它们。它们遭到侵损与下述原因有关，即金钱不能用来买朋友：友谊及维系友谊的社会惯例是由某些规范、态度和美德构成的。把这些惯例商品化的做法，实际上就是要置换这些规范（如同情、宽容、贴心和关爱），并用市场价值观来替换这些规范。

雇来的朋友与真正的朋友是不一样的，几乎所有人都能说出这两者的区别。我能够想到的唯一的一个例外是金·凯瑞在电影《楚门的世界》中扮演的角色。金·凯瑞扮演的这个角色一生都生活在一个看似平安幸福的城镇里，而该角色不知道的是，这个城镇实际上是一档现实电视真人秀的摄影棚。金·凯瑞花了一些时间才弄清楚，他的妻子和他最好的朋友也都是雇来的演员。但是，这当然不是金·凯瑞雇来的，而是电视制片人雇来的。

友谊的关键在于：我们（通常）无法买到朋友的原因（即买卖朋友会损害这种关系），阐明了市场是如何腐蚀友谊的表达方式的。尽管买来的道歉或婚礼祝词看起来像真的一样，但是它们却已然受到了玷污和贬低。尽管金钱能够购买道歉和婚礼祝词，但是它们只是真正的道歉和婚礼祝词的低级形式。

荣誉物品也很容易遭到相似的腐蚀。金钱不能用来买诺贝尔奖，但是其他形式的荣誉和认可又如何呢？下面让我们来考察一下名誉学位的情况。大学和学院会把名誉学位授予杰出的学者、科学家、艺术家和公职人员。但是，有一些名誉学位的得主却是事先把大笔钱捐给授予其名誉学位的机构的慈善家。就此而言，这类学位究竟是买来的，还是真正的荣誉？

名誉学位可以是含糊的。如果大学或学院直言不讳地陈述授予名誉学位的理由，那么这种直言不讳就会消解它的美好。假设学位授予仪式上所颁发的荣誉证书这样写道："我们基于杰出科学家和艺术家的成就授予他们名誉学位。但是，我们授予你这个学位，是为了感谢你捐赠给我们1 000万美元修建了一座新的图书馆。"这样的奖励很难被视作一个名誉学位。当然，名誉学位上的赞美之词永远不会那样写。它们会论及公共服务、捐赠善举，以及对大学使命的奉献，即一些会模糊名誉学位与买来的学位之间区别的赞美之词。

我们也可以就入读著名大学的名额是否可以买卖提出类似的问题。大学不会拍卖它们的入学名额，至少不会明目张胆地拍卖它们。如果许多有严格遴选程序的大学和学院将一些新生名额卖给最高出价者，那么它们就可以增加学校的财政收入。但是，即使它们想使自己的财政收入最大化，它们也不会把所有新生名额都拿来拍卖。这种做法不仅会降低教学质量，而且会削弱考生考进大学的荣誉，进而还会减少需求。如果人们毫不费力就可以买到斯坦福大学或普林斯顿大学的入学名额，而且这种情况广为人知，那么你（或你的孩子）被斯坦福大学或普林斯顿大学录取就没有什么可引以为傲的了。它顶多是那种类似于"我买得起一艘游艇"的骄傲。

然而，假设绝大多数的入学名额都是按照成绩来分配的，只有少数入学名额是悄悄拿来出售的。同时，让我们再假设，大学和学院在决定是否录取你的时候要考虑很多因素（比如高中成绩，美国大学入学标准化考试成绩，课外活动，种族、民族、地域等因素，运动技能，校友子女的身份，等等），以至于在任何情况下都很难说哪些因素是决定性因素。在上述两种条件下，大学和学院可以把一些入学名额卖给富有的捐赠人，同时又不减损学生在被顶级大学录取时感受到的那份荣誉。

高等教育的评论家认为，上述情况大抵就是今天许多大学和学院的实际运作状况。他们把"传承录取"（即优先考虑录取校友的孩子）说成一种呵护富人的做法。而且他们指出了这样一些情形：一些大学和学院为一些不怎么优秀的申请者放宽了录取标准，因为这些申请者的父母非常富有并有可能给学校捐赠巨款，尽管他们并不是校友。[21] 然而，捍卫这种做法的人则论辩说，私立大学在很大程度上依赖于校友和富有捐赠者的捐赠，而且这些捐赠可以使大学为那些不怎么富裕的学生提供奖学金和经济援助。[22]

因此，与诺贝尔奖不同，大学和学院的入学名额是一种可以拿来买卖的物品，只要学校不公开兜售它们。大学和学院是否应当这样做，则是一个值得我们进一步思考的问题。买卖大学和学院入学名额的想法会面临两种反对意见。一种是关于公平的，另一种是关于腐败的。基于公平的反对意见认为，为了让富有的捐赠者为学校基金进行巨额捐赠而录取他们孩子的做法，对那些出生在经济条件一般的家庭的申请者来说是不公平的。这种反对意见把大学教育视作赢得机会和改变社会地位的一种渊源，并担心为富家子弟提供这种优惠条件的做法会固化社会经济方面的不平等状况。

那种反对腐败的意见关注的是制度诚信的问题。这种反对意见指出，高等教育不仅能够使学生胜任有偿工作，而且体现了一些理想：追求真理、弘扬学术和科学的卓越性、增进人文教育、培育公民美德。尽管所有的大学都需要用钱来追求其目标，但是让筹集资金的需求占据主导地位，不仅会产生扭曲大学各种理想的风险，也会产生腐蚀赋予大学存在理由的各种规范的风险。总之，这种反对意见关注的是诚信，即一种制度对其基于理想的忠诚。而这一点正是众所周知的对"出卖"的指责所揭示的。

反对市场的两种观点

上述两种观点贯穿于"金钱应当和不应当买什么"的争论之中。基于公平的反对意见关注的是市场选择有可能导致的不平等现象，而反对腐败的意见关注的则是市场关系有可能侵损或消解的规范和态度。[23]

让我们来考虑一下买卖肾脏的情况。的确，金钱能购买他人的一个肾脏而同时不会损毁肾脏的价值。但是，人的肾脏应当拿来买卖吗？那些认为人的肾脏不应当拿来买卖的人，一般都会基于下述两个理由中的一个来反对这种做法。他们论辩说，第一，这样的市场会对贫困者构成掠夺，因为他们选择出售他们的肾脏有可能并不是真正自愿的（公平理由）；第二，这样的市场会促使人们把人贬低、客体化为移植器官的一种集合体（腐蚀理由）。

或者，让我们来考虑一下买卖孩子的情况。我们有可能建立一个收养婴儿的市场。但是，我们应当这样做吗？那些持反对意见的人给出了两个反对理由。一个认为，把孩子拿来出售的做法会把不那么富有的父母赶出这个市场，或者说，这样做会给不那么富有的父母剩下一些最便宜的、人们最不想要的孩子（公平理由）。另一个认为，给孩子标价会腐蚀"无条件的父母之爱"这一规范；不同孩子之间不可避免的价格差异会强化这样一种观念，即一个孩子的价值取决于他／她的种族、性别、智力潜能、身体素质或身体残疾情况，以及其他特征（腐蚀理由）。

我们值得花点儿时间来阐明上述两个认为市场具有道德局限的理由。基于公平的反对意见指向的是当人们在不平等或极其需要金钱的条件下买卖东西时会产生的那种不公正。根据这种反对意见，市场交换并不总是如市场倡导者所认为的那样是自愿的。一个农民为了供养他正在挨饿的家人，有可能会同意出售他的一个肾脏或一片眼角膜，但是他的同意有可能并不是真正自愿的。实际上，这个农民有可能是迫于其恶劣的经济状况而这么做的。

基于腐蚀的反对意见与基于公平的反对意见不同。它指向的是市场估价或市场交换有可能会对某些物品和做法产生的贬损效应。根据这种反对意见，如果某些具有道德性质的物品和公共物品被拿来买卖，那么它们就会受到减损或腐蚀。反对腐蚀的意见不可能通过建立公平的交易条件而被消解，因为无论条件是否平等，它都适用。

人们就卖淫问题所展开的长时间的争论，就表明了上述两个理由之间的区别。一些人反对卖淫，因为很少有卖淫者是真正自愿的（如果有真正自愿的）。他们论辩说，那些卖淫的人一般都是被迫的，无论是迫于贫穷、毒瘾，还是迫于暴力威胁。这种反对意见就是前述的"基于公平的反对意见"。但是，另一些人反对卖淫，则是因为无论妇女是否被迫卖淫，卖淫都会贬损妇女的人格。根据这种理由，卖淫是一种腐败/腐蚀，它会贬低妇女的人格，并致使人们用不健康的态度看待性问题。反对贬损妇女人格的意见，并不取决于卖淫者是否真正同意这样做；即使在一个没有贫穷现象的社会中，甚至在高级妓女（她们喜欢这份工作并自由选择了这个职业）的情形中，这种反对意见也会谴责卖淫行为。

上述两个反对意见利用了不同的道德理想。基于公平的反对意见追求的是同意理想，或者更确切地说，是在公平的条件下得以实现的那种同意理想。赞同用市场来分配物品的主要依据之一就是市场尊重选择自由。市场允许人们自己选择是否按照某种给定的价格出售某种物品。

然而，基于公平的反对意见指出，一些这样的选择并不是出于真正的自愿。如果一些人极度贫穷或者没有能力进行公平的讨价还价，那么市场选择就不是自由选择。因此，为了弄清楚某项市场选择是否为一种自由选择，我们必须追问社会背景条件下的哪些不平等现象会破坏有意义的同意。讨价还价能力的不平等在什么意义上会对不利一方构成强迫，并会破坏他们达成交易的公平性？

反对腐败的意见利用的是一套不同的道德理想。它诉诸的不是同意，而是相关物品（即那些被认为会因市场估价和市场交易而受到贬损的物品）的道德重要性。因此，为了确定大学入学名额是否应当拿来买卖，我们必须对大学应追求的道德物品和公共物品展开讨论，并对出售大学入学名额是否会损毁那些道德物品和公共物品进行追问。为了确定是否应当建立一个用于解决婴儿收养问题的市场，我们必须追问什么规范应当用来调整父母与子女的关系，并对买卖孩子是否会破坏那些规范做进一步的追问。

基于公平的反对意见和基于腐败的反对意见在对市场的理解上存在不同之处：前者并不会因为某些物品是珍贵的、神圣的或无价的而反对把它们市场化，它反对在那种严重到足以产生不公平议价条件的不平等情形中买卖物品。它并不为人们反对在一个具有公平背景条件的社会中将一些物品（无论是性、人的肾脏还是大学入学名额）商品化的做法提供任何理据。

与之不同的是，基于腐败的反对意见关注的是物品本身的性质，以及应当用来调整这些物品的规范。因此，仅仅通过确立公平的讨价还价条件，并不能消除这种反对意见。甚至在一个不存在能力和财富的不公正差异的社会中，仍会有一些东西是金钱不应当购买的。这是因为市场不只是一种机制，还体现了某些价值观。因此，有时候，市场价值观会把一些值得我们关注的非市场规范排挤出去。

排挤非市场规范

对非市场规范的排挤究竟是如何发生的？市场价值观又是如何腐

蚀、消解或取代非市场规范的？规范的经济学逻辑假定，将某一物品商品化（将该物品标价出售）并不会改变该物品的性质，而且市场交易可以在不改变物品本身的情况下提高经济效率。这就是为什么经济学家一般都支持用金钱激励措施来激发所期望的行为：赞同倒卖珍贵的演唱会、体育赛事甚至教皇弥撒的门票；赞同用可交易的配额来分配有关碳排放权、难民和生育权的问题；赞同送现金而非其他礼物；赞同用市场来缩小各种物品（甚至是人的肾脏）供需之间的落差。如果你假定市场关系及其形成的态度不会减损交易物品的价值，那么市场交易就可以在使其他任何人都不受损的情况下使交易双方获益。

然而，上述假定却容易受到人们的质疑。我们在上文已考察了大量质疑该假定的事例。当市场侵入传统上受非市场规范支配的各个生活领域时，那种认为市场不会侵损或贬损其交易物品的观念也就变得越来越令人难以置信了。越来越多的研究都确认了常识所表明的这样一个道理，即金钱激励措施和其他市场机制会通过排挤非市场规范的方式产生事与愿违的后果。有时候，为某种特定行为支付酬劳，并不会使人们更多地这样行事，反而会使他们较少地这样行事。

核废料贮存点

多年来，瑞士一直都在设法寻找一个贮存放射性核废料的地方。尽管瑞士严重依赖核能，但是很少有社区想让核废料存放在它们那里。当时，被指定能堆放核废料的一个地方是位于瑞士中部叫作沃尔芬希森（Wolfenschiessen）的小山村。1993 年，也就是在人们对这个问题进行公投前不久，一些经济学家对这个小山村的居民进行了调查，他们问这些居民，如果瑞士国会决定在他们村建立核废料贮存点，他们是否会投票赞同。尽管在该山村贮存核废料对居住在该地的街坊邻里来说被广泛认为是不受欢迎的，但是该山村居民的微弱多数（51%的村民）却表示，他们会接受这一决定。显而易见，这些居民的公民义务感压倒了他们对风险的关注。后来，这些经济学家在他们的研究中增加了一个补偿观点：假设瑞士国会提议在你所在的社区建立一个核废料贮存点，并每年对该社区的每位居民进行现金补偿，那么你会支持这种做法吗？[24]

调查结果表明：小山村居民的支持率没有上升，而是下降了。经济激励的增加，减少了一半的支持率，从原来的51%降到了25%。给钱的想法，实际上降低了人们赞同把核废料贮存在自己社区的意愿。此外，增加一项补偿额度的做法也不起什么作用。当经济学家后来增加了补偿额度的时候，结果也于事无补。甚至当所提供的年度金额高达每人8 700美元（远远超过瑞士一般人的月收入）时，该山村居民的支持率还是很低。人们对金钱补偿的类似反应（虽不那么明显），也可见于其他抵制放射性废料贮存点的社区。[25]

于是我们要问，瑞士这个小山村的居民怎么了？为什么更多的居民愿意无偿接受核废料的堆放，而不愿有偿接受呢？

规范的经济学分析指出，给人们金钱让他们接受一项负担的做法会提高而非降低他们承受该负担的意愿。主持这项研究的瑞士经济学家布鲁诺·S. 弗雷（Bruno S. Frey）和美国经济学家菲力克斯·奥伯霍尔泽-吉（Felix Oberholzer-Gee）指出，价格效应有时候会受到道德考量（其中包括对共同善的承诺）的压制。对许多居民来说，接受核废料贮存点的意愿体现的是一种公共精神，即这样一种认识：整个国家都仰赖核能，因此核废料总得有个地方来存放。如果他们的社区被认为是最安全的核废料贮存点，那么他们愿意承受这项负担。在这种公民承诺的背景下，给这个小山村居民现金的做法给人的感觉就像贿赂，像设法贿买他们的选票似的。事实上，在那些拒绝金钱补偿方案的人当中，有83%的人通过宣称他们不可被贿赂这样一种方式解释了他们的反对行为。[26]

你可能会认为，增加一项金钱激励措施只会强化原已存在的那种公共精神，进而增加人们对"设立核废料贮存点"这一举措的支持。两项激励措施（一项是金钱激励措施，另一项是公民精神激励措施）难道不比一项激励措施更强有力吗？然而，答案却未必是肯定的。认为激励措施是一种加法因子的观点是错误的。相反，对瑞士的良好公民来说，个人金钱补偿这种做法把一个公民问题变成了一个金钱问题。市场规范的侵入将他们的公民义务感排挤了出去。

主持这项研究的学者们得出结论："在公共精神占支配地位的领域，如果用价格激励措施来让人们支持建设一个对社会有益处但在地方上却不受欢迎的核废料设施，那么它付出的代价会比规范经济学理论所认为的高得多，因为这类激励措施会把公民的义务感排挤出去。"[27]

这并不意味着政府部门应当直接把设立核废料贮存点的决定强加给地方社区。高压政策比金钱激励措施对公共精神更具腐蚀性。让当地居民评估在其社区设立核废料贮存点对他们将会产生的各种风险；允许公民参与决定把核废料贮存点设于何处可以最好地服务于公共利益；赋予核废料贮存点所在社区权利，使它们能够在必要的情况下关闭危险的核废料贮存设施。以上这些方式肯定是一些比简单地购买更能得到公众支持的方式。[28]

尽管现金补偿一般会令人反感，但是实物补偿却常常会受到欢迎。社区常常会接受政府因把一些不受欢迎的公共工程（如飞机场、垃圾填埋场和废品回收站）建在其旁边而给予它们的补偿。然而，各项研究发现，如果这种补偿采取公共物品的形式而不是现金的形式，那么人们更有可能接受这种补偿。相较于金钱补偿，人们更乐意接受这些补偿形式，比如为他们的社区修建公园、图书馆、学校、社区中心、慢跑小道、自行车车道等。[29]

从经济效率的角度讲，这种情况有点儿令人费解，甚至是非理性的。按照一般推论，现金总是优于实物性的公共物品，其原因正如我们在讨论送礼时所揭示的。金钱是能够用来交换物品的通货，是普遍适用的礼品卡，因为只要居民得到的是现金补偿，那么这些居民就可以自己决定，是把他们的补偿款集中起来去修建公园、图书馆和游乐场（如果这样做可以使他们的效用最大化的话），还是选择把这笔钱用于私人消费。

然而，这种逻辑缺失了公民奉献这层含义。相较于给私人现金这种补偿方式，提供公共物品可以说是对公共工程引起的危险和不便的更合适的补偿方式，因为公共物品承认了有关公共工程地点的决策所设定的公民负担和公共奉献精神。政府部门因居民同意在他们的城镇修建新的飞机场跑道或垃圾填埋场而给他们金钱，可被视作在贿赂他们以让他们默认对其社区的贬损。但是，新的图书馆、游乐场或学校可以说是通过利于社区发展和尊重其公共精神的方式，来补偿作为同一个硬币的另一面的公民奉献精神。

募捐活动与迟接孩子的现象

人们已经发现，在不如核废料那么意义重大的其他情境中，金钱激励措施也会排挤公共精神。每年，在某个指定的"捐赠日"里，以色列的高中生会为慈善事业（如癌症研究、援助残疾儿童等事项）挨家挨户去募捐。经济学家尤里·格尼茨（Uri Gneezy）和阿尔多·拉切奇尼（Aldo Rustichini）在当时做了一项实验，以发现金钱激励措施对这些高中生的动机产生的影响。

两位经济学家把学生分成 3 个小组。他们给第一组的学生做了一场关于慈善事业重要性的简短的激励性演讲，接着便让这些学生去募捐。他们给第二组和第三组的学生不仅做了同样的演讲，而且根据这些学生筹集的捐款数额给他们金钱奖励：奖励给第二组学生捐款数额的 1%，奖励给第三组学生捐款数额的 10%。当然，给学生的奖励不会从慈善捐款里出，而来自其他地方。[30]

你认为哪组学生募集到的钱最多呢？如果你猜的是没有酬劳的那组学生，那么你猜对了。无酬劳的学生筹集的捐赠额比那些获得 1% 佣金的学生筹集到的多 55%。那些获得 10% 佣金的学生比获得 1% 佣金的那组学生做得好，但还是没有那组完全没有酬劳的学生做得好。（无酬劳的志愿者们筹集的捐款额比那些可以拿到高佣金的学生筹集的捐款额高 9%。）[31]

这个故事有什么寓意呢？主持该项研究的学者们得出结论，如果你打算用金钱激励措施去鼓励人们，那么你就应当"要么给予足够多的钱，要么一分钱都不给"。[32] 尽管支付足够多的钱确实有可能会使你得到想要的结果，但这并不是这个故事要告诉我们的全部，因为这里还有一个关于金钱是如何把规范排挤出去的教训。

这项实验在一定程度上也确认了人们所熟知的这样一个假定，即金钱会激励人们工作。因为那组获得 10% 佣金的学生当时筹集的捐款额毕竟高于那组获得 1% 佣金的学生的捐款额。但是这里有意思的问题是：为什么两组可获得酬劳的学生落后于那组无酬劳的学生？这极可能是因为付钱让学生去做好事改变了筹集捐款这种活动的性质。在发放佣金的情况下，挨家挨户筹集慈善捐款在当时已经不完全是在履行一种公民职责，更是为了赚取佣金。金钱激励措施把一种充满公共精神的活动变成了一份赚钱的工作。对以色列的高中生而言，就像对瑞士小山村的村民一样，市场规范的引入把他们的道德承诺和公民承诺排挤了出去，至少是挫伤了它们。

一个相似的教训也可见于这两位以色列经济学家所做的另一项著名的实验——一项涉及以色列日托中心的实验。正如我们已然见到的那样，对那些迟接孩子的父母科以罚款，迟接孩子的父母在数量上并没有减少，而是增加了。事实上，迟接孩子现象的出现概率几乎翻了一番。那些迟接孩子的父母把这种罚款视作他们愿意支付的酬金。事实还不仅如此：大约 12 个星期以后，当以色列托儿所取消罚款的做法时，迟接孩子的父母数量仍然保持着新高的水平。事实证明，一旦金钱支付侵蚀了准时接送孩子的道德义务，原有的责任感就很难得到恢复。[33]

核废料贮存点、慈善资金募集活动和迟接日托孩子这3个事例，阐明了把金钱引入非市场环境会改变人们的态度，并把道德承诺和公民承诺排挤出去的方式。市场关系的腐蚀效应有时候会强大到足以压倒价格效应：提供金钱激励（或处罚）措施，让人们接受有潜在危险的核废料设施，让学生挨家挨户去筹集慈善捐款，或者让迟到的父母准时去接孩子，都降低而不是增加了人们这样做的意愿。

我们为什么要为市场排挤非市场规范这种趋势感到担忧呢？理由有两个：一个是金钱方面的，另一个是伦理方面的。从经济学的角度来看，社会规范（比如公民美德和公共精神）是大交易。社会规范会激励人们去实施有益于社会的行为，而没有社会规范的激励，我们就得花大价钱去购买这些行为。如果你不得不依赖金钱激励措施去使相关社区接受核废料设施，那么你就必须支付远远多于你依赖居民的公民义务感所需要的费用。如果你不得不雇用学生去筹集慈善捐款，那么你就必须支付比 10% 的佣金还多得多的费用，去获得与无偿学生凭借公共精神得到的相同的结果。

但是，仅仅把道德规范和公民规范当作激励人们的有效经济方式，会忽略这些规范的内在价值。（这就像我们把现金礼物的恶名视为一种会妨碍经济效率但却不能从道德上对其加以评判的社会事实一样。）完全依赖现金支付来促使居民接受核废料贮存点的做法，不仅在经济上是昂贵的，而且具有腐蚀性。这种做法其实既忽视了说服，也忽视了居民在对这种设施将会产生的风险及整个社会对这种设施的需求进行认真商议以后表示的同意。同样，给学生现金让他们在捐赠日筹集捐款，不仅会增加募集捐款的成本，也是对他们的公共精神的不尊重和对他们的道德教育和公民教育的侵损。

商业化效应

许多经济学家现在承认，市场会改变其调控的物品和社会惯例的性质。近年来，最早强调市场对非市场规范的腐蚀作用的学者之一是弗雷德·赫希（Fred Hirsch）。他是一位英国经济学家，时任国际货币基金组织的高级顾问。弗雷德·赫希在 1976 年出版了《增长的社会极限》（*The Social Limits to Growth*）一书。就在同一年，加里·贝克尔出版了他那部颇有影响力的论著《人类行为的经济分析》；在该书出版的 3 年后，撒切尔夫人当选了英国首相。弗雷德·赫希在其著作中挑战了这样一个假定，即无论某种物品是由市场提供的，还是以其他某种方式提供的，该物品的价值都是相同的。

弗雷德·赫希论辩说，主流经济学忽视了他所称的"商业化效应"。所谓"商业化效应"，赫希指的是"对专门或主要以商业目的而非一些其他原因供应这种产品或活动的特征所产生的影响，而这里的一些其他原因包括非正式交易、相互性义务、利他主义或爱、服务感或义务感"。一个"共同的（几乎总是一种隐含的）假定是，商业化过程对这种产品没有影响"。赫希指出，这种错误的假定是在当时日益盛行的"经济学帝国主义"（economic imperialism）中凸显的，而在这种"经济学帝国主义"中，包括加里·贝克尔和其他经济学家尝试把经济学分析扩展到适用于相关的社会生活领域和政治生活领域的各种努力。[34]

两年后，弗雷德·赫希去世了，享年 47 岁，因而他没有机会详尽阐释他对主流经济学的批判。在接下来的数十年里，他的《增长的社会极限》一书在那些拒绝社会生活日益商品化的趋势并拒绝助长这种趋势的经济学逻辑的学者中成了一部微观经济学的经典著作。我们在前文讨论的 3 个实证案例都支持弗雷德·赫希的这个洞见，即市场激励措施和市场机制的引入会改变人们的态度，并会把非市场价值观排挤出去。近来，其他从事经验研究的经济学家也不断发现了有关商业化效应的进一步证据。

比如，在越来越多的行为经济学家当中，有一位经济学家丹·艾瑞里（Dan Ariely）在做了一系列实验后证明，相较于请人无偿做某事，付钱让他们做该事可能会激发他们较少的热情——特别是当这件事情是一件好事的时候。丹·艾瑞里讲述了一件能够证明其发现的现实生活逸事。美国退休人员协会向一些律师咨询，问他们是否愿意以每小时 30 美元的优惠价格为有需要的退休人员提供法律服务。这些律师拒绝了。后来，当该协会问这些律师是否愿意免费为有需要的退休人员提供法律咨询时，他们却同意了。当这些律师弄清楚他们是被邀请去参加一种慈善活动而非某种市场交易的时候，他们便以慈善的方式做出了回应。[35]

越来越多的社会心理学研究为这种商业化效应提供了一种可能的解释。这些研究强调了内在动机（比如手头工作的道德信念或兴趣）与外在动机（比如金钱奖励或其他有形的酬劳）之间的区别。当人们从事一项他们认为具有内在价值的活动时，给他们金钱这种做法有可能会通过贬低或"排挤"他们的内在兴趣或承诺而弱化他们的动机。[36] 规范经济学理论把所有的动机（无论这些动机的性质或渊源是什么）都解释成偏好，并且假定它们都具有加法性质。但是这种观点却忽视了金钱具有的腐蚀效应。

这种"排挤"现象对经济学来说具有重要意义。它使人们对市场机制和市场逻辑在许多社会生活领域中的运用表示了怀疑，其中包括运用金钱激励措施来鼓励人们在教育、医疗保健、工作场所、志愿者协会、公民生活和其他内在动机或道德承诺起重要作用的情形中做出好的表现。布鲁诺·弗雷（研究瑞士核废料贮存点问题的经济学家）和经济学家雷托·吉根（Reto Jegen）把市场机制和市场逻辑排挤社会规范现象对经济学的意义概括为："可以说，'排挤效应'是经济学中最重要的异常事例之一，因为它表明了与最基本的经济学'法则'（加大金钱激励措施会增加供应）相反的事例的存在。如果排挤效应是有道理的，那么加大金钱激励措施就会减少而非增加供应。"[37]

卖血与献血

市场排挤非市场规范的最著名的例证，也许是英国社会学家理查德·蒂特马斯（Richard Titmuss）所做的一项有关献血的经典研究。在其 1970 年出版的《礼物关系》（*The Gift Relationship*）一书中，他比较了英国和美国的血液采集系统。在英国，所有用来输血的血液都来自无偿献血者；在美国，部分血液来自无偿献血者，部分血液是由商业血液银行从一些愿意把卖血作为一种赚钱途径的人（一般是穷人）那里买来的。理查德·蒂特马斯赞同英国的血液采集系统，反对将人的血液当作可以在市场上进行买卖的一种商品。

蒂特马斯提供的大量数据表明，仅从经济和实际的角度来看，英国血液采集系统比美国血液采集系统运行得更好。他论辩说，尽管经济学假定市场是高效的，但是美国的血液采集系统却导致了血液的长期短缺、浪费、较高的成本和存在被污染的较大风险。[38] 此外，蒂特马斯还提出了一个伦理观点来反对血液的买卖。

蒂特马斯反对血液商品化的伦理观点为我们在前文所讨论的反对市场的两个论点（基于公平的反对意见和基于腐败的反对意见）提供了一个很好的例证。他的部分观点认为，血液市场利用了穷人（基于公平的反对意见）。他指出，美国以营利为目的的血液银行，乃是从极需"快钱"的贫民区居民那里采集大量血液的。血液的商业化使得更多的血液"来自穷人、非技术性工人、失业人员、黑人和其他低收入人群"。他在其论著中还写道："正在出现一个由受剥削的血液高产人群组成的新阶层。"血液"从穷人到富人"的再分配，"似乎是美国血液银行系统导致的最显著的后果之一"。[39]

不过，理查德·蒂特马斯还提出了更进一步的反对意见：把血液变成一种市场化商品的做法，会侵蚀人们献血的义务感，消减人们的利他精神，并会破坏作为社会生活的现实特征的"礼物关系"（基于腐败的反对意见）。在审视了美国的情况以后，他对"近年来美国人志愿献血率的下降"深感遗憾，并认为这是美国商业血液银行兴起导致的。"血液的商业化和血液中的利润把志愿献血者赶跑了。"理查德·蒂特马斯指出，一旦人们开始把血液视为可以日常买卖的商品，人们就不太可能感觉到有要献血的道德责任。在这里，他所揭示的正是市场关系对非市场规范的排挤效应，尽管他并没有使用这个说法。大范围的血液买卖，终结了无偿献血这一做法。[40]

蒂特马斯担忧的不仅是人们献血意愿的减少，也包括人们的献血行为所具有的更宽泛的道德意义。献血精神的式微不仅会对所收集血液的数量和质量产生有害影响，还会使道德生活和社会生活出现贫瘠的现象。"利他精神在人类某一活动领域的式微，也有可能导致人们在人类其他活动领域的态度、动机、关系等发生类似的变化。"[41]

尽管基于市场的系统并不会阻碍任何基于自愿的主动献血，但是充斥于该系统的市场价值观却对献血规范施加了一种腐蚀性影响。"社会构建和组织其社会制度（尤其是健康和福利制度）所依靠的各种方式，既能够激励也能够挫败人们的利他心；这类社会制度既能够产生凝聚力，也能够导致疏离感；它们能够让'礼物的主旨'（对陌生人的慷慨）在社会群体间和代际广为传播。"蒂特马斯担忧的是，从某种程度上讲，市场驱动的社会有可能会对利他主义构成极大的伤害，进而会被认为有可能侵害人们应当享有的自由。他最后得出结论："血液和捐赠关系的商业化压制了人们对利他主义的表达，也侵蚀了人们所具有的社会意识。"[42]

理查德·蒂特马斯所著《礼物关系》一书的出版引发了很大的争论。在众多的批评者当中，肯尼斯·阿罗名列其中。阿罗是当今这个时代美国最杰出的经济学家之一。阿罗与倡导放任市场的米尔顿·弗里德曼完全不同。阿罗在其早期的论著中就对健康保健市场中的不完善问题进行过分析。但是，阿罗却强烈反对蒂特马斯对经济学和市场观念的批判。[43] 在这样做的时候，阿罗援引了市场信念的两大关键原则——经济学家常常宣称但却甚少对之进行论证和辩护的有关人性和道德生活的两个假设。

市场信念的两大原则

市场信念的第一个原则认为，把某种行为商业化并不会改变这种行为。基于这个假设，金钱绝不会腐蚀非市场规范，市场关系也绝不会排挤非市场规范。如果这是真的，那么赞同把市场扩展至生活所有方面的主张就很难被抵制了。在这一假设下，把先前不可交易的物品变成可交易的物品，不会产生任何损害。那些想买卖该物品的人能够买卖该物品，从而增加这些人的效用；那些认为该物品为无价之物的人则有不买卖该物品的自由。这种逻辑允许市场交易可以在不使其他任何人受损的情况下使一些人受益——即使拿来买卖的物品是人的血液。正如阿罗所解释的那样："经济学家一般都认为，由于市场的创建增加了个人的选择范围，所以它会带来更多的益处。于是，如果我们给自愿献血系统增加一种卖血的可能选择，那么我们只是扩展了个人的选择范围。如果他从献血当中得到了满足，那么人们可以论辩说，他可以继续献血，因为他的这种权利并没有受到任何侵害。"[44]

阿罗的这种论证路径在很大程度上依赖于这样一种观念，即血液市场的创建并没有改变血液的价值或血液的含义。血液还是血液，而且它仍将服务于维持生命这个目的，无论这些血液是人们捐献的，还是买来的。当然，这里涉及的物品不仅是血液，也包括出于利他主义精神的献血行为。蒂特马斯赋予激发人们献血的慷慨品格一种独立的道德价值。但是，阿罗却质疑说，即使这种做法可能会因为引入市场而遭到侵损，"为什么血液市场的创建就肯定会减损献血行为所隐含的利他主义精神呢"？[45]

答案是，血液的商业化会改变献血的含义。试想，在一个血液可以正常买卖的世界里，你去当地的红十字会捐献一品脱[①]血液是否还是一种慷慨之举呢？或者说，献血是否会剥夺穷人将卖血作为一种有利可图的不正当劳动呢？如果你想为献血做出贡献，那么你亲自去献血和直接捐款50美元（这50美元可以被用于从需要这笔钱的流浪汉那里多购买一品脱的血液），哪个更好呢？如果一个可能的利他者弄不清楚这个问题，也是可以理解的。

阿罗对蒂特马斯的批判中隐含的第二个市场原则认为，伦理行为乃是一种需要节约的商品。其要点是，我们不应当过分依赖利他主义、慷慨、团结或公民职责，因为这些道德情感都是可耗竭的稀缺资源。依赖自利的市场可以使我们不必用尽有限的美德资源。因此，比如，如果我们在血液的供应上依赖公众的慷慨，那么他们在其他的社会目的或慈善目的上的慷慨就会减少。然而，如果我们运用价格体系来运作血液供应系统，那么在我们真正需要人们的利他动机时，我们就可以运用他们未曾减少的利他动机。阿罗在其《礼物与交易》一文

---

① 1美制湿量品脱约为473毫升。——编者注

中写道:"像许多经济学家一样,我也不想过分地依赖那种用道德伦理去替代自利的做法。我认为从整体来讲最好的情况是,对伦理行为的要求只能有限地适用于价格体系失效的那些情形……我们不想鲁莽地把利他动机这类稀缺资源用尽。"[46]

我们很容易理解这种经济的美德观念(如果有)是如何为那种把市场扩展到生活中的每一个领域(包括传统上受非市场价值观支配的那些领域)的做法提供进一步的根据。如果利他主义、慷慨和公民美德的供应(像化石燃料的供应一样)像是自然给定的,那么我们就应当努力保护好它。因为我们用得越多,我们拥有的也就越少。根据这个假设,更多地依赖市场、更少地依赖道德规范,乃是保护稀缺资源的一种方式。

节约爱

这个理念的经典表述是由丹尼斯·罗伯逊爵士于1954年在美国哥伦比亚大学200周年校庆的演讲中提出来的。丹尼斯·罗伯逊爵士是英国剑桥大学的经济学家,并且曾是约翰·梅纳德·凯恩斯的学生。罗伯逊演讲的题目是一个问句——"经济学家节约什么?"他试图证明,尽管经济学家迎合了人们的"进取本能和占有本能",但是他们也服务于一种道德使命。[47]

罗伯逊在演讲一开始就承认,经济学关注的并不是人类最高贵的动机,而是人类的获益欲望。"只有专职或业余传道士"才极力宣扬比较高尚的美德:利他主义、仁慈、慷慨、团结和公民职责。"经济学家的卑下角色（而且常常是令人反感的角色）就是竭尽所能地帮助人们把传道士的使命缩减到人们可以做到的程度。"[48]

那么，经济学家如何提供帮助呢？通过推进那些尽可能依赖利己而非利他或道德考量的各种政策，经济学家使得社会不再滥用稀缺的美德资源。罗伯逊得出结论："如果我们这些经济学家把自己的本职工作做好，那么我相信，我们就可以为节约……爱这种稀缺资源（世界上最珍贵的东西）做出极大的贡献。"[49]

对那些不从事经济学研究的人来讲，这种理解高尚美德的方式是怪异的，甚至是牵强的。因为它忽视了这样一种可能性，即我们爱的能力和仁慈的能力并不会因为使用而枯竭，反而会在实践的过程中得到扩展。让我们考虑一下一对恩爱夫妻的情形。如果这对恩爱夫妻在其一生中都为了积攒他们的爱而不在意对方，那么他们的日子会过成什么样子呢？如果这对夫妻更多地向对方表达爱，那么他们之间的爱难道不会强化反而会减少吗？如果他们以一种斤斤计较的方式对待彼此，把他们的爱一直保存到他们真正需要爱的时候才使用，那么这会使他们过得更好吗？

我们也可以对社会团结和公民美德提出与上述类似的问题。我们是否应当通过一种方式来努力保有公民美德，即在我们的国家需要召唤我们为共同善做出牺牲之前一直让公民去购物？还是说，公民美德和公共精神会因为人们不使用它们而减少？许多道德家都对第二个问题持肯定观点。亚里士多德教导我们说，美德乃是某种我们要用实践去养育的东西："我们是经由做正义之事才变得有正义的，我们是经由采取节制之举才变得节制的，我们是经由做勇敢之事才变得勇敢的。"[50]

卢梭也持一种类似的观点。国家向其公民要求得越多，公民对国家的奉献也就越大。"在一个秩序良好的城市中，每个人都乐于参加集会。"而在一个丑恶政府的统治下，没有人会参与公共生活，"因为没有人对那里发生的事情感兴趣"，而"国家关注之事本是极令人感兴趣的"。经由公民权利和义务的履行，公民美德可以得到建构而非耗竭。卢梭指出，事实上，就公民美德而言，要么使用它，要么失去它。"一旦公共服务不再是公民关注的主要事务，而且相较于为人们工作，他们宁愿为金钱工作，这个国家离衰败就不远了。"[51]

罗伯逊以一种轻松且思辨的方式阐述了他的观点。但是，他那种认为爱和慷慨是会因使用而耗竭的稀缺资源的观点，却一直对经济学家的道德想象施加了一种强有力的限制，即使他们没有公开赞同这种观点。这个观点并不是经济学官方教科书中的一项原理（如供需法则那样）。任何人都没有从经验层面证明过这个观点。它更像是一则许多经济学家都表示赞同的谚语，即一种民间智慧。

在罗伯逊的演讲过去近半个世纪以后，经济学家劳伦斯·萨默斯（时任哈佛大学校长）受邀在哈佛大学纪念教堂做晨祷演讲。他选择了"经济学能够为道德问题的思考贡献什么"作为他晨祷演讲的主题。他指出，经济学"对实践的重要性及对道德的重要性极少受到人们的正确评价"。[52]

萨默斯指出，经济学家"特别强调对个人的尊重，即对个人自己设定的需要、品位、选择和判断的尊重"。接着，他为共同善提供了一种规范的功利主义解释，也就是把它解释为人们的主观偏好的总和："许多经济学分析的基础是，善是许多个人对他们自己幸福的评估的集合，而不是某种可以撇开这些个人偏好并只根据某种独立的道德理论予以评估的东西。"

一些研究者主张抵制血汗工厂生产的物品，但是萨默斯却对他们的观点提出了疑问，并以此来证明他的分析路径："我们都为这个世界上许多人的工作条件及他们所得到的微薄补偿深深哀叹。然而，肯定有某种道德力量在支撑这种状况，即只要这些工人是自愿受雇的，那么他们便是因为这是他们最好的选择而来做这份工作的。难道减少个人的选择才是尊重，才是慈善，甚至是关切吗？"

在晨祷演讲的最后，萨默斯对那些批评市场依赖自私和贪婪的人做出了如下回应："我们所有人只拥有那么多利他心。像我这样的经济学家认为，利他心是一种需要保护的贵重且稀缺的物品。也许通过下述两种做法把这种稀缺物品保护起来会好得多：第一，设计一种可以通过个人的自私来满足人们欲求的系统；第二，把节省下来的利他心用于对待我们的家人、朋友，以及解决这个世界上市场无法解决的许多社会问题。"

萨默斯的观点是对罗伯逊那番名言的重申。值得我们注意的是，罗伯逊那番名言的萨默斯版甚至比阿罗版更为激进：对社会生活和经济生活中利他心的大肆挥霍，不仅会大大耗费可用于其他公共目的的利他心，甚至还会减少我们为家人和朋友预留的利他心总量。

上述经济的美德观进一步激起了人们对市场的信奉，并推动市场向其本不属于的那些领域扩展。但是，这种隐喻却是误导性的。利他心、慷慨、团结和公民精神并不像那些因使用而会耗竭的商品，而更像由于锻炼而会生长并变得发达的肌肉。由市场驱动的社会的缺陷之一，就是它会使利他心、慷慨、团结和公民精神这些美德失去活力。为了使我们的公共生活焕然一新，我们需要更奋发地"锻炼"或使用这些美德。

第 4 章

生命与死亡的市场

48 岁的迈克尔·赖斯（Michael Rice）是美国新罕布什尔州蒂尔顿的一家沃尔玛超市的副经理。一天，他在帮助一名顾客将电视机搬上她的轿车的时候，心脏病突发并倒地不起。一周之后，他去世了。根据他的人寿保险单，保险公司为他的死亡赔付了约 30 万美元。但是保险公司并没有将这笔钱给他的妻子和两个孩子，而是给了沃尔玛超市，因为这家超市在先前就已经为赖斯购买了人寿保险，并把自己指定为受益人。[1]

　　赖斯的遗孀薇姬·赖斯（Vicki Rice）在得知沃尔玛超市得到了这笔意外之财后感到非常愤怒。为什么这家公司可以从她丈夫的死亡中获益？赖斯生前每天要为这家公司工作很长时间，有时候每周的工作时间长达 80 个小时。她说："他们先是拼命使用迈克尔，然后毫不费力地得到了 30 万美元。这太不道德了。"[2]

　　按照赖斯夫人的说法，无论是她还是她的丈夫，都对沃尔玛公司曾为她丈夫办理人寿保险一事毫不知情。当她得知这份人寿保险单后，她便把沃尔玛告上了联邦法庭，要求把这笔钱判给她的家庭，而不是给沃尔玛。她的律师论辩说，公司不应当从其员工的死亡中获益："像沃尔玛这样的大公司拿其雇员的生命进行赌博的行为，绝对是应当受到谴责的。"[3]

沃尔玛的一位发言人承认，公司持有其数十万名雇员的人寿保险单，这当中不仅包括经理，甚至包括维修工。但是他也否认了公司要从员工的死亡中获益的说法。他指出，"我们认为，我们并没有从同事的死亡中获益，我们在这些员工身上进行了相当大的投资"，而且"如果他们一直活着"，那么公司只能继续支付他们的保险费。这位发言人论辩说，在迈克尔·赖斯的案例中，保险赔付的这笔钱并不是一份令人高兴的意外所得，而是对培训赖斯及现在重新雇人替换他的成本的一种补偿。"他接受过相当多的培训，并且获得了不付出代价便无法复制的经验。"[4]

普通员工人寿保险

长期以来，公司为其首席执行官和高层行政主管办理人寿保险，用以抵消他们一旦去世而需雇人替换他们所产生的高昂成本的做法是一个惯例。按照保险业的说法，公司对它们的首席执行官享有一种"可保权益"，而且这是法律认可的。但是相对而言，公司为普通员工购买人寿保险的做法则是新近才出现的。这样的保险在保险业中被称为"普通员工保险"或者"死亡佃农保险"。直到最近，这种保险在美国大多数州还是不合法的。这些州认为，公司对它们的普通员工的生命不享有可保权益。但在 20 世纪 80 年代，保险业成功地游说了大多数州的立法机构，让它们放宽了对保险法的限制，允许公司为它们的所有雇员（从首席执行官到收发室职员）购买人寿保险。[5]

到 20 世纪 90 年代，一些大公司已耗资数百万美元来为公司员工购买人寿保险，并创造了一个总额达数十亿美元的死亡期货产业。为员工购买保险的公司包括：美国电话电报公司（AT&T）、陶氏化学公司（Dow Chemical）、美国雀巢公司、必能宝公司（Pitney Bowes）、宝洁公司、沃尔玛、迪士尼和温迪克西（Winn-Dixie）连锁超市。这些公司在当时之所以愿意进行这种病态的投资，是因为这样的投资可以享受优惠的税收待遇。正如死亡赔偿在传统的终身人寿保险业务中是免税的，普通员工人寿保险业务所产生的年度投资收入也是免税的。[6]

几乎没有员工意识到他们的公司已经给他们的人头标价了。大多数州都没有要求公司在为其雇员购买人寿保险的时候通知雇员本人，更没有要求公司在这样做之前征得员工的允许。而且大多数公司为员工购买的人寿保险甚至在员工辞职、退休或者被辞退后依然有效。因此，公司仍能获得离开公司多年以后去世的员工的死亡赔偿。公司通过社会保障管理总署来跟踪了解它们之前员工的死亡状况。在一些州，公司甚至还可以办理其员工的孩子与配偶的人寿保险并获取死亡赔偿。[7]

普通员工保险在大银行中曾是非常流行的，这些银行包括美国银行和摩根大通银行。20 世纪 90 年代末，一些银行还曾想除了它们的员工，给它们的存款人和信用卡持有人办理人寿保险。[8]

普通员工保险这桩繁荣的生意因《华尔街日报》在 2002 年发表

的一系列文章而引起公众的关注。《华尔街日报》发表文章说，一名29岁的男子在1992年死于艾滋病，他的死亡使得他短暂工作过的一家音乐制品商店所属的公司得到了33.9万美元的死亡赔偿，而他的家庭却分文未得。另一篇文章讲述了得克萨斯州一名20岁便利店职员的遭遇，他在该店遭抢劫的过程中被枪击身亡。这家便利店所属的公司为这名年轻男子的遗孀和孩子支付了6万美元，以便让他们不再提起任何诉讼，但却没有向他们透露公司已经因该男子的死亡而得到了25万美元的保险赔偿金。这一系列文章还报道了一个无情但却很少被人们注意到的事实，即"在'9·11'恐怖袭击事件之后的第一批人寿保险赔偿金中，有一些并没有给遇难者的家庭，而是给了他们的雇主"。[9]

截至21世纪的头几年，美国的公司员工人寿保险业务承保了数百万名员工的生命，其总额达到了全部人寿保险销售额的25%~30%。2006年，美国国会曾试图制定一项法律来限制普通员工保险业务，该项法律要求办理这种业务之前需征得雇员的同意，并将公司拥有的保险限制在公司1/3薪酬最高的劳动力的范围内。到2008年，仅美国各家银行就持有其员工的1 220亿美元的人寿保险。普通员工保险向美国各家公司的扩展，已然改变了人寿保险的意义和目的。《华尔街日报》的一系列文章得出结论："普通员工保险展现的无异于这样一个鲜为人知的故事，即人寿保险如何从一种丧失亲人的安全网络演变成一种公司财政策略。"[10]

公司是否可以从其雇员的死亡中获益？甚至保险业中的一些人士也都发现这种做法令人反感。美国教师退休基金会（TIAA-CREF）

是一家从事退休与财务服务的大公司，它的前任董事长兼首席执行官约翰·比格斯（John H. Biggs）将这种做法称为"一种似乎总会令我感到厌恶的保险形式"。[11] 但是它究竟错在哪里呢？

最直白的反对意见是一种实践性的意见：允许公司因其员工死亡而获得经济利益的做法，对工作场所的安全几无裨益可言。相反，一家缺乏资金的公司如果可以因其员工的死亡而得到数百万美元，那么它就会滋生一种反向的动机，即在健康与安全措施方面偷工减料。当然，任何一家负责任的公司都不会公然依照这种动机行事。公司故意加速其雇员的死亡，是一种犯罪。允许公司为其员工购买人寿保险的做法，并没有为它们发放杀害员工的许可证。

然而我猜测，那些对普通员工保险极其反感的人主张的是一种道德意义上的反对意见，已经超出了那种实践性的风险观，即肆无忌惮的公司有可能在工作场所乱扔致命危险品或者对各种危险熟视无睹。这种道德性的反对意见要表达的是什么呢？人们是否必须接受它呢？

这种反对意见很可能与同意的缺失有关。如果你得知你的雇主在你不知情或者未同意的情况下为你办理了人寿保险，你会怎么想呢？你有可能觉得自己被利用了。但是你有理由抱怨吗？如果这项保险的存在对你并无伤害，那么你的雇主为什么有通知你这件事或者征得你同意的道德义务呢？

普通员工保险毕竟是双方当事人——购买此项保险（并成为受益人）的公司与出售此项保险的保险公司——之间自愿达成的一种交易。员工并不是这项交易的当事人。金融服务公司科凯国际集团（KeyCorp）的发言人直截了当地指出："雇员并没有支付保险费，因此公司也就没有理由向他们透露这项保险的细节。"[12]

一些州并不是这样看待这个问题的，它们命令公司在为其雇员办理保险之前征得员工本人的同意。当公司向员工征得许可的时候，它们一般都会向员工提供一份适度的人寿保险收益作为诱饵。沃尔玛公司在20世纪90年代办理了大约35万名员工的保险，它向那些同意由它办理保险的员工提供一笔免费的价值5 000美元的人寿保险收益。大多数员工接受了这个报价，但是他们却没有意识到，在他们的家庭将会得到的5 000美元保险收益与该公司将从他们的死亡中获取的数十万美元之间存在着巨大的落差。[13]

然而，同意的缺失并不是可以被用来反对普通员工保险的唯一的道德性反对意见。即便在员工同意此类方案的情形中，也仍然存在着某种在道德上令人感到厌恶的东西。从一定程度来讲，它是指公司对待那些被参保员工的态度。公司在制造使员工的死亡比活着更有价值的情形中，实际上是把他们客体化了。公司把员工看成一种商品期货，而不是雇员——他们对公司的价值在于他们所做的工作。一种更进一步的反对意见指出，公司员工人寿保险业务扭曲了人寿保险的目的。人寿保险曾经是一种家庭安全的渊源，而现在却变成了公司减免税收的一项举措。[14]我们很难理解，税收制度为什么会鼓励公司为其员工的死亡投资数十亿美元，而不是为提供服务和生产商品进行投资。

保单贴现：拿生命当赌注

为了检视上述各种反对意见，我们可以考虑另一种在道德上颇为复杂的人寿保险做法。这种做法始于 20 世纪八九十年代，是由艾滋病的流行引发的。它在当时被称作保单贴现行业，是一个由艾滋病人群和其他被诊断患有不治之症的人拥有的人寿保险单构成的市场。它的运作方式如下：假设某个拥有 10 万美元人寿保险单的人被医生告知自己只有一年的寿命，再假设他现在需要钱来进行治疗，或许他只是为了在他所剩无几的短暂时光中好好地生活。于是，一位投资者提出以折扣价——比如 5 万美元——从这位病人手中买下这份保单，并且替他缴纳年度保险费。在这位保单原始持有人去世的时候，该投资者便可以得到 10 万美元。[15]

无论怎么看，这似乎都是一笔不错的交易。这位垂死的保单持有人得到了他需要的现金，而这位投资者也获得了一笔可观的利润——假设保单持有人按预定时间死亡。但是这种交易有一种风险：虽然这种保单贴现投资可以确保投资人得到一笔确定的死亡赔付金（在上述事例中是 10 万美元），但是回报率却要取决于保单持有人活多长时间。如果他按照预期那样在一年之内去世了，那么这位花 5 万美元买下 10 万美元保单的投资者就会大赚一笔，也就是获得 100% 的年利润（这里要减去他支付的保险金和付给安排此项交易的保险经纪人的费用）。如果这个人又活了两年，那么这位投资者就必须为同等数额的保险费等待两倍的时间，因此他的年度回报率也要减半（这里还不算额外的保险费支出，而这项支出还会使回报变得更少）。如果这位病人奇迹般地获得康复并活了很多年，那么这位投资者可能就一无所获了。

当然，所有投资都是有风险的。但是就保单贴现而言，这种金融风险产生了一种在其他大多数投资中都没有的道德复杂性：投资者肯定希望卖给他人寿保险的那个人死得早一些而不是晚一些。这个人活得越久，自己获得的回报率就越低。

毋庸赘言，保单贴现行业会竭力弱化其生意中残忍的一面。保单贴现经纪人把他们的任务描述成：为身患绝症的人提供财力，使他们能够以相对舒适和有尊严的方式度过剩余的时光。["保单贴现"（viatical）这个词就源于拉丁语的"航海"（voyage）一词，该词特指为古罗马官员出海航行而提供的资金和补给品。]然而无法否认的是，如果被保险人立即死亡，那么投资者是有利可图的。劳德代尔堡保单贴现公司的董事长威廉·斯科特·佩奇（William Scott Page）就说过："我们已经有了一些蔚为可观的回报，但是在人们活得较长的情况下，我们也遇到了一些恐怖的事情。这就是保单贴现协议令人感觉刺激的地方。在预测某人死亡时间的问题上，并不存在精确的科学方法。"[16]

在这些"恐怖的事情"中，有一些导致了诉讼：不满的投资者状告经纪人，称其卖给他们的人寿保险单并没能按预期那样迅速"到期"。在 20 世纪 90 年代中期，抗艾滋病病毒药物的发现延长了成千上万名艾滋病患者的生命，但是这项发现却打乱了保单贴现行业的如意算盘。一家保单贴现公司的行政主管对延长患者生命药物的负面作用做了如下解释："12 个月的预期变成了 24 个月，这会严重破坏你的回报。"1996 年，抗逆转录病毒药物技术的突破，导致尊严合作有限公司（Dignity Partners, Inc.）——旧金山的一家保单贴现公司——的股票价格从 14.5 美元暴跌至 1.38 美元。很快，这家公司便停业了。[17]

1998 年,《纽约时报》发表了一则关于一位愤怒的密歇根投资者的故事,他在 1993 年购买了肯德尔·莫里森(Kendall Morrison)的人寿保险。莫里森是一名患有艾滋病的纽约人,当时他已病入膏肓。多亏了上述新药的发明,莫里森恢复到平稳的健康状况,而这让那位投资者大失所望。莫里森说:"以前,我从未觉得有人希望我死掉。他们不停地给我寄这些联邦快件并给我打电话,好像在说:'你还活着吗?'"[18]

由于艾滋病的确诊不再是一种死亡判决,所以保单贴现公司便开始努力使它们的生意变得更加多样化,也就是把它们的业务扩展至癌症和其他绝症方面。美国保单贴现协会(Viatical Association of America)是这个行业的贸易协会,它的执行董事威廉·凯利(William Kelley)没有因艾滋病市场的低迷而屈服,反而对死亡期货生意做出了乐观的估计:"与艾滋病患者的人数相比,患有癌症、严重心血管疾病和其他不治之症的人数多得多。"[19]

与普通员工保险不同,保单贴现行业服务于一种明确的社会善,即为绝症患者的最后岁月提供财力支持。此外,被保险人的同意从一开始就是确定的(尽管下面的情况也是有可能发生的:在某些情形中,绝望的患者有可能缺乏讨价还价的能力,无法为他们的人寿保险谈到一个公道的价格)。保单贴现的道德问题并不是它们缺少同意,而在于它们是在对死亡下赌注。这种赌博使得投资者与被其购买了人寿保险的病人的早日死亡之间有一种紧密的利益挂钩关系。

可能有人会回应说,保单贴现并不是唯一无异于死亡赌博的投资。人寿保险业同样把我们的死亡变成了一种商品。但是这二者是有区别的。就人寿保险而言，卖给我保险的公司是在赌我活，而不是在赌我死。我活得越长，它赚得越多。就保单贴现而言，经济利益正好是反向的。从公司的角度来看，我死得越快，情况就越好。[1]

为什么我会在意投资者有点儿盼着我早死这件事呢？只要投资者没有按其期望行事或者没有太频繁地打电话询问我的状况，也许我就不应当在意。这可能只是有点儿吓人，而无法从道德上加以反对。或者说，这里的道德问题也许并不在于它对我的任何实际伤害，而在于它对投资者品质的腐蚀性影响。你愿意靠打赌某些人会早点儿死而非晚点儿死来营生吗？

我猜想，即便是自由市场的狂热者在面对如下观点的含义时也会犹豫再三：拿他人的死亡进行打赌的行为只不过是另一种生意罢了。我们不妨考虑一下：如果保单贴现生意在道德上与人寿保险具有可比性，难道它不应当为了自己的利益而拥有同样的游说权利吗？如果保险业拥有为其在延长生命（通过强制系安全带的法律或禁烟政策）方面的利益进行游说的权利，那么保单贴现行业不应当拥有为其在加速死亡（通过减少对艾滋病或癌症进行的研究的联邦资助）方面的利益进行游说的权利吗？据我所知，保单贴现行业并没有进行这种游说。

---

[1] 终身年金和养老金每月支付一定的数额给被保险人直到其死亡，与人寿保险相比，它更类似于保单贴现。对年金公司而言，被保险人早去世比晚去世更有经济利益。但相比于保单贴现，年金的风险池一般更大也更具匿名性，从而减少了被保险人早逝所带来的"利益挂钩"。此外，销售终身年金产品的公司一般也销售人寿保险，因而购买者长寿的风险就能得到抵消。

但是，如果道德上允许人们对艾滋病或癌症患者会早点儿死而非晚点儿死的可能性进行投资，那么为什么推进有利于实现该目标的公共政策的做法在道德上却是不正当的呢？

保单贴现投资者沃伦·齐兹厄姆（Warren Chisum）是得克萨斯州一位保守派立法议员和"著名的反同性恋战士"。他成功地领导了一场在得克萨斯州举行的恢复对鸡奸进行刑事处罚的运动，他反对性教育，并投票反对援助艾滋病患者的项目。1994 年，齐兹厄姆骄傲地宣称，他投资 20 万美元购买了 6 名艾滋病患者的保单。他告诉《休斯敦邮报》说："我打赌这会使我赚到不少于 17% 的利润，甚至会更多。如果他们在一个月内就死掉，那这些投资就真的会大有回报。"[20]

有些人指责这位得克萨斯州的立法者投票支持那些他可以从中获得个人私利的政策，然而这项指控却被误导了。他的钱追随的乃是他的信念，而非其他事情。这并不存在典型的利益冲突。它实际上是某种更糟糕的东西：一种在道德上扭曲的社会意识投资。

齐兹厄姆对保单贴现的残忍一面所持有的那种厚颜无耻的欢欣纯属例外。保单贴现的投资者几乎很少是由恶意驱动的。大多数投资者还是希望艾滋病患者能够身体健康和长寿的——除了那些已被他们投资的患者。

在依靠人的死亡谋生方面，并非只有保单贴现投资者。验尸官、殡仪业者和掘墓者都是如此，但是没有人在道德上谴责他们。几年前，《纽约时报》描绘了迈克·托马斯（Mike Thomas）的工作，这名 34 岁的男子是底特律某个县停尸房的"尸体收集者"。他的工作就是收集那些死亡者的尸体，并把他们运到太平间。他是按人头收费的，他收集一具尸体收 14 美元。由于底特律的谋杀率很高，所以他从这项可怕的工作中每年大约能赚 1.4 万美元。但是当暴力事件减少时，托马斯的处境就很艰难了。他说："我知道这听起来有点儿奇怪，我的意思是说，一个人无所事事地等着某人死亡，希望某人死亡。但是这个行当就是这样运作的。这也是我养活我孩子的方式。"[21]

向尸体收集者支付佣金的做法也许是合算的，但是这也要承担一种道德成本。使尸体收集者的经济利益与其同胞的死亡挂钩，有可能会使他的和我们的道德情感变得麻木。就此而言，尸体收集者的工作有点儿像保单贴现生意，但在道德上却与之不同：虽然尸体收集者依靠他人的死亡维持生计，但是他不必希望任何一个特定的人早些死掉。任何人的死亡对他来说都是可以的。

死亡赌局

一种与保单贴现更相似的行当被称为"死亡赌局"（death pool），这是一种骇人的赌博游戏。它于 20 世纪 90 年代在互联网上流行开来，几乎与保单贴现行业同时盛行。过去，有一种打赌谁会赢得美国橄榄球超级碗大赛的办公室赌局，而死亡赌局就是这种办公室赌局在网络上的翻版，只不过玩家们并不是打赌谁将在橄榄球比赛中获胜，而是竞相预测哪些名人会在某一特定年份死去。[22]

许多网站都提供了这种病态游戏的各种版本，其名称有"食尸鬼赌局""死亡赌局""名人死亡赌局"等。其中最受欢迎的一个网站叫作"僵尸网"（Stiffs.com），它于 1993 年举办了第一场游戏，并于

1996 年进入互联网。在缴纳 15 美元的参赛费后，参赛者要提交一份他们认为很可能在年底之前去世的名人的名单。猜得最准的那个人可以赢得 3 000 美元的头奖，第二名可获得 500 美元。"僵尸网"每年都会吸引 1 000 多名竞猜者。[23]

认真的玩家并不会轻易地做出选择，他们会先四处搜寻各种载有患病明星消息的娱乐杂志和小报。目前玩家偏爱下注的是莎莎·嘉宝（94 岁）[①]、葛培理（93 岁）[②]和菲德尔·卡斯特罗（85 岁）[③]。其他受欢迎的死亡赌局选项则包括柯克·道格拉斯、玛格丽特·撒切尔、南希·里根、穆罕默德·阿里、鲁思·拜德·金斯伯格、斯蒂芬·霍金、艾瑞莎·富兰克林和阿里埃勒·沙龙[④]。由于年迈的和生病的人物充斥着这些名单，因此一些游戏对那些成功预测很难猜到的死亡名人的人还给予额外的积分奖励，例如戴安娜王妃、约翰·丹佛或者其他英年早逝的名人。[24]

死亡赌局的出现，在时间上早于互联网的出现。据报道，这种游戏早在华尔街的商人中间流行了几十年。而克林特·伊斯特伍德主演的"警探哈里"系列电影的最后一部《虎探追魂》（1988），就是关于依照名单神秘谋杀名人的死亡赌局故事。然而，互联网连同 20 世纪 90 年代人们对市场的狂热，使得这种残忍的游戏又有了新的前景。[25]

把赌注押在名人何时会死亡上是一种娱乐活动，因为没有人靠它

---

① 莎莎·嘉宝已于 2016 年 12 月 18 日去世。——编者注

② 葛培理已于 2018 年 2 月 21 日去世。——编者注

③ 菲德尔·卡斯特罗已于 2016 年 11 月 25 日去世。——编者注

④ 截至本书中文版再版的 2022 年 1 月，此处人物均已去世。——编者注

谋生。但是，死亡赌局像保单贴现和普通员工保险一样也提出了一些道德问题。在警探哈里那个版本的游戏中，竞猜者欺骗并企图杀死死亡赌局所选择的名人，但是我们对此先撇开不论。拿某人的生命打赌并从他的死亡中获利的行为，有什么错吗？人们对此感到担忧。但是，假如赌徒并没有加速任何人的死亡，那么谁对此还有进行抱怨的权利呢？当一些与莎莎·嘉宝和穆罕默德·阿里从未谋面的人就他们两人何时会死亡这个问题进行打赌的时候，这会使他们的身体状况变得更糟吗？把某人升至死亡名单的榜首，或许带有某种侮辱的意味。但是我认为，这种游戏的道德庸俗性主要在于它所表达和弘扬的对死亡的态度。

这种态度是一种轻薄和妄想的有害结合——玩弄死亡甚至对此迷恋不已。死亡赌局的参与者不只是在投注，还参与了一种文化。他们费时费力地去研究被他们押宝的人的预期寿命。他们对名人死亡有一种不体面的专注。死亡赌局网站充斥着著名人物生病的新闻和消息，进而鼓励这种残忍的痴迷。你甚至可以订购一种叫作"名人死亡呼叫"（Celebrity Death Beeper）的服务：每当一位名人死亡时，它都会给你发电子邮件或短信提醒你。"僵尸网"的经理凯利·巴克斯特（Kelly Bakst）说，参与死亡赌局的活动"真的会改变你看电视和关注新闻的方式"。[26]

同保单贴现一样，死亡赌局在道德上也是令人担忧的，因为它做的是一种病态的买卖。但是与保单贴现不同的是，死亡赌局并非服务于对社会有益的目的。严格来说，它就是一种赌博，一种利益和娱乐的来源。尽管死亡赌局令人生厌，但是我们很难说它是我们这个时代最为严重的道德问题。在各种恶的排序中，它还只是小恶而已。但是，人们之所以对它感兴趣，是因为它作为一种极限状况，揭示了保险业在一个市场驱动的时代里的道德命运。

人寿保险一直都是一体两面的：既是一种为了共同安全的风险分担，也是一种无情的赌注（一种针对死亡的套期保值措施）。这两个方面共存于一种不稳定的联合之中。由于缺失道德规范和法律约束，人寿保险具有的赌博一面，有可能吞没最初证明人寿保险正当性的那个社会目的。如果这个社会目的被遮蔽或者丢失，那么那些将保险、投资与赌博区分开来的脆弱界限也就荡然无存了。人寿保险从一种为亡者的亲属提供安全保障的制度，先是转变成了另一种金融产品，最终则退化成了一种针对死亡的赌博。这种赌博除了为那些玩家提供乐趣和利益，一无是处。尽管死亡赌局看起来是轻浮和无足轻重的，但它实际上却是人寿保险邪恶的孪生兄弟——那种对社会善毫无助益的赌注。

普通员工保险、保单贴现和死亡赌局在20世纪八九十年代的出现，可以被看作20世纪末期生命与死亡商品化过程中的一个片段。在21世纪前10年里，这种趋势变得越发严重。然而，在我们考察这个问题在当下的状况之前，我们有必要先回顾一下人寿保险从一开始就一直使人们能感觉到的那种道德忧虑。

人寿保险的简明道德史

我们通常都认为保险和赌博是对风险的不同回应方式。保险是一种降低风险的方式，而赌博则是一种投机风险的方式。保险与审慎有关，而赌博则与投机有关。然而，这两种活动之间的界限一直都是易变的。[27]

在历史上，为生命保险与拿生命打赌之间的紧密联系，使得很多人都认为人寿保险在道德上是令人厌恶的。人寿保险不仅产生了一种谋杀的动机，还错误地给人的生命明码标价。有几个世纪，人寿保险在大多数欧洲国家是被禁止的。一位法国的法学家在18世纪写道："人的生命不能成为商业交易的对象，那种认为死亡应当变成一种商业投机来源的观点也是可耻的。"许多欧洲国家在19世纪中期以前都还没有人寿保险公司。在日本，第一家人寿保险公司到1881年才出现。由于缺乏道德正当性，"大多数国家在19世纪中期或晚期之前都没有发展人寿保险行业"。[28]

英国是一个例外。从17世纪晚期开始，船主、经纪人和保险商就聚集在伦敦的劳埃德咖啡馆——当时的一个海事保险中心。一些人来这里为他们的船只安全返航和货物投保，另一些人来这里则是为了给与他们毫不相干的一些生命和事件下注。很多人都办理了并不属于他们的船只的"保险"，期望这些船只在海上沉没以便获利。随着保险商充当起博彩业从业者，保险业也就与赌博混杂在了一起。[29]

英国的法律并没有对保险或赌博进行限制性规定，这两者在当时几乎是无法区分的。18世纪，"保单持有人"把赌注押在选举结果、议会的解散、两名英国贵族被杀的可能性、拿破仑的死亡或被擒、女王是否会在60周年庆典前几个月去世等事件上。[30]另一些受欢迎的投机赌博对象，即所谓保险的赌博部分，包括围攻和军事战役的结果、罗伯特·沃波尔"被大量投保的生命"、国王乔治二世是否会从战斗中生还等事件。当法国国王路易十四在 1715 年 8 月患病时，英国驻法大使就打赌这位太阳王活不过当年 9 月。（结果这位大使赌赢了。）"那些家喻户晓的人物通常都成了这些赌博业的押注对象"，而这就相当于当今网络死亡赌局的一个早期版本。[31]

一次特别无情的人寿保险赌博与 800 名德国难民有关，他们在 1765 年被带到英国，然后被遗弃在伦敦的郊区，没有东西吃，没有地方住。于是，劳埃德咖啡馆的投机者和保险商就打赌这些难民中有多少人会在一周之内死去。[32]

大多数人都会认为这样一种赌博在道德上是骇人听闻的。但是从市场逻辑的角度来看，我们并不清楚有什么可以反对它的。假如这些打赌者并不对这些难民的困境负责，那么他们拿这些难民多久会死亡来打赌又有什么错呢？打赌双方通过这场赌博都获益良多。而如果他们不参与这场赌博，那么经济逻辑会确定地告诉我们，他们不会获益。那些对这场赌局毫不知情的难民，也不会因为它的存在而受到伤害。最起码，这就是毫无约束的人寿保险市场的经济逻辑。

如果我们可以反对死亡赌博，那么我们依据的理由就肯定是超越市场逻辑的，即这些赌博表达的是那些毫无人性的态度。就赌博者自己而言，对他人的死亡和苦难毫不在意的漠视乃是其品质恶劣的标志。对整个社会而言，此类态度及鼓励这些态度的制度，都是粗俗与堕落的。正如我们在其他商品化的案例中看到的，对道德规范的腐蚀或排挤，就其本身而言，可能并不是人们拒绝市场的充分理据。但是，既然拿陌生人的生命打赌的行为，除了提供利益和卑鄙的娱乐，对任何社会善都毫无助益，那么这种活动的堕落品质就为人们严格控制它提供了一个强有力的理由。

英国猎獾的死亡赌博，促使公众越发强烈地反对这种令人讨厌的做法。此外，还有另一个限制它的理由。尽管人寿保险越来越被视作养家糊口之人保护他们家庭免遭贫困的一种审慎方式，但是它却因为与赌博连在一起而在道德上被败坏了。为了使人寿保险变成一种在道德上正当的生意，它就必须与金融投机划清界限。

最终，《1774年保险法案》（又被称作《赌博法案》）的颁布，使得人寿保险与金融投机划清了界限。该项法案禁止拿陌生人的生命进行赌博，并把人寿保险限定于这样一些人，他们对被投保人的生命拥有一种"可保权益"。由于一种没有约束的人寿保险市场在此前已经导致产生了"一种有害的赌博"，所以英国议会后来禁止了所有关于生命的保险，"除了这样一些情况，即投保人对被投保人的生死拥有相关利益"。历史学家杰弗里·克拉克（Geoffrey Clark）写道："简而言之，这项《赌博法案》对人的生命可以被转变为一种商品的情形做出了限制。"[33]

在美国，人寿保险的道德正当性发展得很缓慢。直到19世纪晚期，它才被牢固地确立。虽然一些保险公司在18世纪就成立了，但是它们出售的大部分险种是火险和海事险。人寿保险遭遇了"强大的文化抵制"。正如维维安娜·泽利泽所指出的，"将死亡变成一种商品的做法，侵害了一种捍卫生命神圣性及其不可通约性的价值体系"。[34]

到了 19 世纪 50 年代，人寿保险业开始发展，但当时所强调的只是它的保护性目的，而其商业性的一面则被轻描淡写："在 19 世纪晚期以前，人寿保险一直把自己包裹在宗教象征之中，避免使用经济学术语，而且它宣传得更多的是它的道德价值，而非它的经济利益。人寿保险是被当作一种利他的、忘我的馈赠买卖的，而不是被当作一种有利可图的投资运作的。"[35]

后来，人寿保险的承办商在将其作为一种投资手段进行兜售的时候渐渐变得大胆起来。随着这个行业的发展，人寿保险的意义和目的发生了变化。当人寿保险在交易时被当作一种保护寡妇和儿童的慈善制度对待时，它就变成了一种存款与投资的工具并成为商业的一部分。对"可保权益"的界定也从家庭成员和亲属扩展到了商业伙伴和重要雇员。公司可以给它们的行政主管投保（尽管它们并不给它们的普通员工投保）。到了 19 世纪晚期，人寿保险的商业方式"鼓励生命保险严格地遵从商业目的"，从而把可保权益扩展到了"有经济利益关联的陌生人"。[36]

人们在道德上对把死亡商品化的做法仍感到犹豫。泽利泽指出，这种犹豫的一个明显标志就是人们对人寿保险代理人的需求。保险公司早就发现，人们并不愿意主动购买人寿保险。尽管人寿保险已被人们接受，但是"死亡也不能被转变成一种日常商品"。因此，这就需要有人去寻找客户，消除他们本能的犹豫，并说服他们相信这种产品的优点。[37]

涉及死亡的商业交易的这种窘境，也解释了保险推销员一直以来受到人们蔑视的原因。这绝不是因为他们的工作与死亡联系紧密。医生和牧师的工作也与死亡有关，但他们却没有因为这种关联而名誉受损。人寿保险代理人之所以蒙受污名，其原因就在于他是"一个死亡'推销员'，也就是靠着人们最糟糕的悲剧来营利谋生的人"。这种污名一直到20世纪还存在。尽管人寿保险代理人努力使他们的工作专业化，但是他们还是无法消除人们因其把"死亡当作生意"而产生的反感。[38]

可保权益这项必要条件把人寿保险限定在那些对他们所投保的生命具有优先利害关系的人，无论是家庭关系还是金钱关系。这有助于人们把人寿保险与赌博区分开来——人们再也不会只为了赚钱而拿陌生人的生命去打赌了。然而，这种区别并没有表面看上去那么明确。因为法院裁定认为，一旦你获得了一份人寿保险单（由可保权益支持），你就可以任意处置它，包括将其卖给其他人。这项"转让"原则，正如它所称的那样，意味着人寿保险就是一种与其他财产没什么两样的财产。[39]

1911年，美国最高法院支持了这种出售或者"转让"某人的人寿保险单的权利。为法庭撰写判决书的小奥利弗·温德尔·霍姆斯大法官承认了这个问题：赋予人们将其人寿保险单卖给第三方的权利，破坏了可保权益这项必要条件。这意味着投机者可以重新进入市场："一份与被投保人没有任何利益关系的人寿保险合约，是一种纯粹的赌注，它使被投保人在终结生命方面得到了一种险恶的反向利益。"[40]

这恰恰是几十年后保单贴现出现的问题。让我们回想一下那份被肯德尔·莫里森（那名患有艾滋病的纽约人）卖给第三方的人寿保险单。对购买这份保单的投资者而言，这份保单纯粹是一份关于莫里森会活多长时间的赌注。当莫里森没有很快死掉的时候，这位投资者发现自己倒是"在终结生命方面得到了一种险恶的反向利益"。这就是那些询问莫里森身体状况的电话和联邦快件所具有的全部含义。

霍姆斯承认，对可保权益进行规定的全部要义就在于防止人寿保险演变成一种死亡赌博，即"一种有害的赌博"。但是他认为，这个理由还不足以阻止人寿保险的二手市场（它会把投机者从后门带回来）的发展。霍姆斯得出结论："在我们这个时代，人寿保险已经成为人们最认可的投资和自我强制储蓄的形式之一。在合理的安全范围内，使人寿保险也具有财产的一般特性是可行的。"[41]

一个世纪以后，当年霍姆斯面临的困境变得更为严峻了。区分保险、投资和赌博的界限也都不复存在了。20世纪90年代的普通员工保险、保单贴现和死亡赌局，只不过是个开端。今天，生命与死亡的市场已然挣脱了那些曾经限制它们的社会目的和道德规范对它们的约束。

恐怖活动期货市场

假设有一种在提供娱乐之外还有其他作用的死亡赌局。设想有这么一个网站，它允许你可以不对电影明星的死亡进行押注，而对哪些外国领导人会遭暗杀或被打倒进行押注，或者对下一次恐怖袭击会发生在什么地方进行押注。让我们再假设这种赌局的结果将产生有价值的信息，而政府可以利用这些信息来保卫国家安全。2003年，美国国防部的一个机构就提议创建这样一个网站。五角大楼把它称为"政策分析市场"（Policy Analysis Market），媒体则把它称为"恐怖活动期货市场"（terrorism futures market）。[42]

这个网站是美国国防部高级研究计划局的发明，该局是一个负责为进行战争和搜集情报而开发创新技术的机构。这个网站的理念是，让投资者买卖有关各种情形（最初与中东有关）的期货合同。作为样本的情形包括：巴勒斯坦领导人亚西尔·阿拉法特是否会被暗杀？约旦国王阿卜杜拉二世的统治是否会被推翻？以色列是否会成为生物恐怖主义者袭击的目标？另一个样本问题是与中东无关的：朝鲜是否会发动核攻击？[43]

由于交易者必须用他们自己的钱来为他们的预测投注，因此那些愿意下大赌注的人很可能就是拥有最佳信息的人。如果期货市场可以很好地预测石油、股票和黄豆的价格，那么为什么不把它们的预测能力用于预测下一次恐怖袭击呢？

关于这个赌博网站的新闻，引起了美国国会的愤怒。民主党人和共和党人都谴责这种期货市场，而国防部也迅速取消了这个计划。社会之所以产生这么大的反对浪潮，部分是因为人们怀疑这个计划是否会起作用，但大部分是因为人们在道德上反感政府开设灾难事件赌局。美国政府怎么可以怂恿人们利用恐怖活动和死亡来赌博和营利呢？[44]

参议员拜伦·多根（北达科他州民主党人）质问道："你能否想象：另一个国家设立了一个赌场，人们可以去那里……打赌一名美国政治人物是否会被暗杀？"参议员罗恩·怀登（俄勒冈州民主党人）与多根一起要求撤销这项计划，说它是"令人厌恶的"。怀登指出："开设有关暴行和恐怖活动的联邦赌局的想法是荒谬的，也是怪诞的。"多数党领袖参议员汤姆·达施勒（南达科他州民主党人）将这个项目称为"不负责任的和粗暴的"。他还补充说："我无法相信有人会一本正经地提出我们应当用死亡来做交易。"参议员芭芭拉·博克瑟（加利福尼亚州民主党人）说道："它的某些方面特别让人恶心。"[45]

五角大楼没有回应这些道德争论，反而发表了一项陈述该项目原则的声明，并论辩说期货交易不仅在预测商品价格方面一直是有效的，在预测选举结果和好莱坞电影票房方面也一直是有效的："研究表明，市场是搜集那些分散信息甚至隐蔽信息的极为高效的、有效的和及时的聚合器。期货市场已经证明了它很善于预测选举结果之类的事件，它们的预测往往比专家的观点还要准确。"[46]

一些学者（主要是经济学家）赞同这种观点。一位学者写道："看到恶劣的公共关系毁掉了一种具有潜在重要意义的情报分析工具，颇令人感到沮丧。"抗议的浪潮阻碍了人们对该项目的优点做出恰当的评价。斯坦福大学的两位经济学家在《华盛顿邮报》上发表文章写道："金融市场是一种非常强大的信息聚合器，而且常常是比传统方法更好的预测者。"他们引证了艾奥瓦电子市场来说明问题，因为这个在线期货市场比民意测验更准确地预测了一些总统选举的结果。另一个案例则是橙汁期货市场。"相比于美国国家气象局，浓缩橙汁期货市场是佛罗里达州天气的更好的预报员。"[47]

市场预测优于传统情报搜集的一个地方在于：市场并不受制于官僚和政治压力所导致的信息失真。了解某些事情的中层专家可以直接进入市场，并把他们的钱投到他们确信的地方。这可以使某些原本被高层人士压制而永远不会大白于天下的信息曝光。让我们回想一下伊拉克战争前美国中央情报局（CIA）受到的各种压力——它必须得出结论称萨达姆·侯赛因拥有大规模杀伤性武器。一家独立的赌博网站对这个问题的怀疑，大于中情局局长乔治·特尼特的怀疑，后者曾宣称这种武器的存在就像是"灌篮得分"那样确定无疑。[48]

然而，支持恐怖活动期货网站的理据依凭的则是一种信奉市场力量的更宏大且更宽泛的主张。随着市场必胜论进入高潮，该计划的捍卫者明确表达了一种伴随金融时代而形成的对市场信念的新认知：市场不仅是生产和分配商品的最有效的机制，而且是聚合信息与预测未来的最好方式。美国国防部高级研究计划局期货市场的优点在于，它会"拨动、刺激和唤醒一个固执的情报界去认清自由市场的预测能力"。它会让我们打开眼界，使我们明白"决策理论家几十年来早已知晓的东西：事件的概率可以根据人们愿意下的赌注来测量"。[49]

那种宣称自由市场不仅有效且有洞见的主张，是不同寻常的。并非所有的经济学家都赞同这个主张。一些经济学家论辩说，期货市场善于预测小麦的价格，但却在预测罕见事件（比如恐怖袭击）方面力不从心。另一些经济学家则坚持认为，就情报搜集而言，专家市场比那些对一般公众开放的市场更有效。人们还根据一些特别的理由质疑美国国防部高级研究计划局的这项计划：它是否会被恐

怖分子操纵？因为恐怖分子可能会为了从一场袭击中获利而参与
"内幕交易"，或者有可能通过卖空恐怖活动期货来隐匿他们的计划。
此外，如果人们知道美国政府会利用这种市场信息来阻止比如对约
旦国王的暗杀并因此挫败他们的赌局，那么他们是否仍然真的会把
赌注押在这个事件上呢？ [50]

撇开这些实际问题不论，让我们来看看一种具有道德意义的反对
意见，即政府开设的有关死亡和灾难的赌局是令人厌恶的。假设上述
实际困难可以得到克服，恐怖活动期货市场也可以经由设计而在预测
暗杀和恐怖袭击方面比传统情报机构做得更好，那么对用死亡和灾难
进行赌博并营利的行为的道德厌恶感，是否还是抵制这种做法的充分
理由呢？

如果政府提议开设一种"名人死亡赌局"，那么答案将一目了
然：由于它不实现任何社会善，所以对强化人们对他人的死亡与不幸
的无情漠视或者（更糟糕的）极度痴迷的做法而言，也就无须多费口
舌了。当诸如此类的赌博活动由私人经营时，它就更是坏到底了。肆
无忌惮的死亡赌博腐蚀了人们的同情心和尊重，政府应当对此加以阻
止，而不是推进。

使恐怖活动期货市场在道德上呈现更为复杂状况的原因在于，与
死亡赌局不同，它旨在做好事。假定它是有效的，那么它就会提供
有价值的情报。这就使它与保单贴现业务有些类似。在这两种情形
中，道德困境的结构是一样的：我们是否应当以道德为代价（使投资
者的利益与他人的死亡和不幸紧密挂钩）来推进一种值得追求的目
标——为垂死之人的医疗需求提供财力支持或者阻止一场恐怖袭击？

一些人说："是的，当然。"这是一位帮助美国国防部高级研究计划局构想出这个计划的经济学家的回答："借着情报的名义，人们在撒谎、欺骗、偷盗和杀戮。相比于这些行为，我们的提议是非常温和的。我们只是从一些人那里拿了钱，然后根据谁的信息准确再把钱给另一些人罢了。"[51]

但是这个回答太随意了。它忽视了市场排挤道德规范的那些方面。当参议员们和社论作者们将恐怖活动期货市场斥责为"粗暴的"、"令人厌恶的"和"怪诞的"时，他们所指的是为某人的死亡下注并希望那个人死掉以便从中获利这种行为在道德上丑陋的一面。尽管这种事情在我们社会中的某些地方已然发生，但是让政府去开设一个使其常规化的机构的做法在道德上却是堕落的。

在某些极端的情形中，这或许是一种值得付出的道德代价。认为那些做法是堕落的观点并不总是决定性的。但是这些观点却把我们的注意力引向了一种常常被市场热衷者忽视的道德考量。如果我们确信恐怖活动期货市场是保护国家免遭恐怖袭击的唯一方式或最佳方式，那么我们就有可能决定忍受这种期货市场会助长的那种低劣的道德感。但是，那将会是一种吃大亏的交易，而且对它保持厌恶感仍是至关重要的。

当死亡市场为人所熟知并变成一种惯例的时候，对它的那种道德轻蔑也就不易保有了。在一个人寿保险正在变成（正如在18世纪的英国）一种投机工具的时代，牢记上述这一点是很重要的。今天，拿陌生人的生命打赌的行为，已不再是一种孤立的赌局游戏，而是一个支柱产业。

陌生人的生命

延长生命的艾滋病药物是健康的福音，但却是对保单贴现行业的诅咒。投资者们发现自己被套住了，因为他们要为那些无法按预期那样快速"到期"的人寿保险支付保险费。如果这门生意想存续下去，那么保单贴现经纪人就需要找到更为可靠的死亡去投资。在研究了癌症患者和其他绝症患者之后，他们产生了一个大胆的想法：为什么要把这项生意局限在患者身上呢？为什么不从那些需要现金的健康老年人那里购买人寿保险单呢？

艾伦·伯格（Alan Buerger）是这一新兴产业的开拓者。20世纪90年代早期，他向公司出售普通员工保险。当国会削减了普通员工保险的税收好处时，伯格曾考虑转入保单贴现行业。但是，他当时冒出了一个想法：健康富裕的老年人提供了一个更大且更有前景的市场。伯格告诉《华尔街日报》："我当时觉得豁然开朗。"[52]

2000年，他开始从65岁及以上的老年人那里购买人寿保险单，并把它们倒卖给投资者。这种生意的运作与保单贴现生意一样，只是在这种生意中，人的预期寿命更长，保单的价值一般也更高，常常可以达到100万美元以上。投资者从那些不再需要这些保单的人那里将其买下并支付保险费，然后在这些人去世以后收取死亡赔偿。为了避免染上与保单贴现相关的污名，这门新生意把自己称作"寿险保单贴现"。伯格的公司，即考文垂第一公司（Coventry First），是这个行业中最成功的公司之一。[53]

寿险保单贴现产业以"人寿保险自由市场"的面目出现在人们面

前。在此之前，那些不再想要或不再需要其人寿保险单的人别无选择，只能让这些保单失效，或者在某些情形中只能向保险公司折兑现金以求拿到很少的退保金。而现在，他们可以通过把他们不需要的保单抛售给投资者以从中获得更多好处。[54]

这听上去是桩好买卖。老年人可以把他们不需要的人寿保险单卖个公道的价钱，而投资者则可以在这些保单到期时获得保险金。但是，这种人寿保险的二手市场也引发了一些争议和大量诉讼。

一种争议是由保险业的经济核算引起的。保险公司不喜欢寿险保单贴现。长期以来，在确定保险费的时候，保险公司一直假定，有一定数量的人会在他们去世之前放弃他们的保单。一旦孩子们长大成人，而且配偶得到了供养，那些保单持有人便常常会停止支付保险费并使保单自动失效。事实上，几乎有40%的人寿保险单最终不需要保险公司赔付死亡保险金。但是，随着更多的保单持有人将他们的保单卖给投资者，失效的保单变少了，保险公司也将不得不赔付更多的死亡保险金（也就是说，赔付给那些一直支付保险费并最终获赔的投资者）。[55]

另一种争议涉及拿生命做赌注的道德窘境。对寿险保单贴现来说，与保单贴现一样，投资的收益率取决于被投保人何时死亡。2010年，《华尔街日报》报道了生命伴侣控股公司（Life Partners Holdings）的情况。这是得克萨斯州的一家寿险保单贴现公司，它曾经低估了那些将保单卖给投资者的老年人的预期寿命。例如，这家公司将爱达荷州一名79岁牧场主的一份价值200万美元的人寿保险单卖给了投资者，断言他只有2~4年的寿命。但是5年多过去了，这位在当时已经84

岁的牧场主依然身体强健，能在跑步机上跑步、举重和伐木。他说："我壮得像头牛，很多投资者要大失所望了。"[56]

《华尔街日报》发现，这位健康的牧场主并不是唯一令人失望的投资对象。在生命伴侣控股公司作为经纪人办理的 95% 的保单中，被投保人在该公司之前预测的预期寿命到了以后依然生龙活虎。这些过于乐观的死亡预测，是由内华达州里诺市的一名受雇于该公司的医生做出的。《华尔街日报》的这篇文章发表后不久，这家公司就因其不靠谱的寿命预测而受到了得克萨斯州证券委员会和美国证券交易委员会的调查。[57]

得克萨斯州的另一家寿险保单贴现公司也由于在预期寿命上误导了投资者而在 2010 年被该州关闭了。沃斯堡市一名退休的执法官员莎伦·布雷迪（Sharon Brady）曾经被告知，通过对陌生老年人的生命进行投资，她可以获得 16% 的年度回报。布雷迪说："他们拿出一本书并向我们展示了那些人的照片和年龄，还有一位医生向我们解释了他们每个人都患有什么样的疾病，以及他预计他们还能活多久。你不应当希望某人死亡，但是如果他们死了，你就可以赚钱。因此，你真的是在拿他们何时死掉来赌博。"

布雷迪说她"对此感到有点儿奇怪。你居然可以从你投入的这笔钱中得到如此高的回报"。这是一个令人不安的提议，但却是一个具有经济吸引力的提议。她和她的丈夫投资了 5 万美元，只是后来才得知这些寿命估算只是说得好听，但却错得离谱。"很显然，那些人活得比那个医生告诉我们的久一倍。"[58]

这种生意还存在另一个争议，而这涉及它筹措可售保单的独创方式。到 2005 年左右，人寿保险二手市场已经成了一个行业。像瑞士信贷银行和德意志银行这样的对冲基金和金融机构，都花费了数十亿去购买老年富人的人寿保险单。随着人们对这种保单的需求的增长，一些经纪人开始付钱给那些没有投保的老年人，让他们去办理大额人寿保单并随后将这些保单转售给投机者。这些保单被叫作"投机者始购保单"或"人寿转手保单"。[59]

2006 年，《纽约时报》估计，这个人寿转手保单市场一年的市场交易规模接近 130 亿美元。该报对那种招揽新生意的狂热做了如下描述："这些交易如此划算，以至于人们无所不用其极地去巴结那些老年人。在佛罗里达州，投资者还为那些愿意在游轮上接受体检并申请人寿保险的老年人安排了免费的航游。"[60]

在明尼苏达州，一位 82 岁的男子从 7 家不同的公司购买了价值 1.2 亿美元的人寿保险，然后将这些保单以一笔可观的利润卖给了投机者。这些保险公司大呼其违规并抱怨说：第一，以纯粹投机的方式利用人寿保险的做法，不符合其保护家庭成员免遭经济灾难的基本目的；第二，人寿转手保单会抬高合法客户购买人寿保险的成本。[61]

一些人寿转手保单最终被告上了法庭。在一些案件中，保险公司拒绝支付死亡赔偿，声称这些投机者不具有可保权益。而寿险保单贴现公司一方却论辩说，包括企业巨头美国国际集团在内的许多投保人，都欢迎人寿转手保险业务及其高昂的保险费，只是在赔付的时候才会抱怨。其他一些则是被经纪人招募来购买人寿保险以转售给投机者的老年客户状告这些经纪人的诉讼。[62]

一位不幸的人寿转手保单客户，是电视脱口秀主持人拉里·金。

他为自己买了两份总面值为 1 500 万美元的人寿保险，并立即卖掉了它们。尽管金已经为他的这个麻烦支付了 140 万美元，但是他却在一起诉讼中声称，经纪人在佣金、费用、税收信息等方面误导了他。金还控告说，他无法查明现在是谁对他的死亡拥有经济利益。他的律师说："我们不知道这位保单所有者是华尔街的一家对冲基金，还是一名黑手党教父。"[63]

保险公司与寿险保单贴现业之间的官司还打到了美国各州的立法机关。2007 年，高盛集团、瑞士信贷银行、瑞士银行、贝尔斯登银行和其他一些银行，成立了"人寿市场制度协会"以促进寿险保单贴现业的发展，并就反对各种限制它的努力展开游说。这家协会的任务是：为"与寿命和死亡相关的市场"设计"各种创新性的资本市场解决方案"。[64]这就是死亡赌博市场的一种礼貌性说法。

到 2009 年，大多数州已经颁布法律禁止人寿转手保单或一如它最终被称为的"源自陌生人的人寿保险"。但是，这些法律却允许经纪人继续从事关于患者或老年人的人寿保险单交易——他们是自己购买保单，而不是受投机者怂恿购买保单。为了避免受到进一步的管制，寿险保单贴现业力图把它所支持的"陌生人所拥有的人寿保险"与它现在所反对的"源自陌生人的人寿保险"做出原则性的区分。[65]

从道德上来说，两者并没有多大区别。因为投机者引诱老年人为了迅速获利而购买并转售人寿保险单的做法，看起来确实是极其低俗的。这种做法肯定不符合那种给予人寿保险正当性证明的目的——保护家庭和企业免遭因养家之人或主要行政主管去世而导致的经济灾难。

但是，所有的寿险保单贴现方案都具有这种低俗性。不论这种保单源自谁，任何拿别人的生命进行投机的行为在道德上都是应该受到质疑的。

寿险保单贴现业的一位发言人道格·黑德（Doug Head）在佛罗里达州的一次保险听证会上做证时论辩说，让人们把他们的人寿保险单卖给投机者的做法"维护了财产权，并代表了竞争与自由市场经济的胜利"。一旦一个拥有合法可保权益的人购买了一份保单，他就应当可以自由地将其卖给出价最高的人。"'陌生人所拥有的人寿保险'是保单所有人在开放市场中出售其保单的基本财产权的自然结果。"黑德坚持认为，"源自陌生人的人寿保险"与"陌生人所拥有的人寿保险"不尽相同。这种保单之所以是非法的，是因为那些最初购买这种保单的投机者并不具有可保权益。[66]

这种观点很难令人信服。在上述两种情形中，最终拥有保单的投机者，都不具有针对那位老年人（其死亡会导致保险金赔付）的可保权益。此外，上述两种情形都创造了一种与陌生人早死相关的经济利益。正如黑德声称的，如果我有基本权利购买和出售自己的人寿保险，那么我行使这项权利是出于我自己的动机还是听从了他人的建议，又有什么关系呢？如果寿险保单贴现的优点在于它"开启了"我已经拥有的保险单的"现金价值"，那么人寿转手保单的优点就在于它开启了我垂暮之年的现金价值。无论采取上述哪种方式，某个陌生人都从我的死亡中获利了，而我也得到了一些钱可以安然离开。

死亡债券

日益发展的死亡赌博市场只差一步就大功告成了——在华尔街上市。2009年,《纽约时报》报道称,华尔街的投资银行计划收购寿险保单贴现业,把它们打包成债券,再把这些债券卖给养老基金和其他大型投资者。这些债券会从保险赔付中产生一条收益流,而这些赔付会在原始保单持有人死亡时予以支付。华尔街会用它在过去几十年中处理住房抵押的做法来处理死亡赌博问题。[67]

按照《纽约时报》的说法,"高盛集团已经开发了一种寿险保单贴现的可交易指数,从而使投资者可以就人们是否会比预期活得长或比计划死得早进行赌博"。瑞士信贷银行也在创制"一条购买大量人寿保险单、对其进行打包和转售的金融流水线——正如华尔街的公司对次级证券所做的那样"。鉴于美国有26万亿美元的人寿保险单,而且寿险保单贴现交易在不断发展,因此死亡市场为一种新的金融产品提供了希望,这种产品可以弥补由抵押贷款证券市场的崩溃导致的利益损失。[68]

尽管一些商业信用等级评定机构还有待被说服,但至少人们相信,创造一种风险最低、以寿险贴现为根据的债券是有可能的。正如抵押贷款证券从全美各地收集贷款一样,寿险贴现所支撑的债券也可以从一些人那里收集到保单,他们"患有各种疾病,如白血病、肺癌、心脏病、乳腺癌、糖尿病、老年性痴呆等"。一种以多种疾病组合为支撑的债券,可以使投资者高枕无忧,因为任何一种疾病的治疗方案的发现,都不会使这种债券的价格跌落谷底。[69]

保险业巨头美国国际集团复杂的金融交易方案曾推动引发了2008年的金融危机，但是这家公司也对这种债券产生了兴趣。作为一家保险公司，它曾经反对寿险保单贴现业并在法庭上与对方唇枪舌剑。但是它却悄悄地买断了目前市场上450亿美元寿险保单中的180亿美元，现在还希望把它们打包成证券并作为债券进行出售。[70]

那么，死亡债券的道德地位又是什么呢？在某些方面，它们与作为其基础的死亡赌博相差无几。如果我们可以从道德上反对拿他人的生命进行赌博并从他人的死亡中获利的行为，那么死亡债券与我们讨论过的各种做法（普通员工保险、保单贴现、死亡赌局及人寿保险中各种纯粹的投机交易）一样都存在这种缺陷。人们有可能会论辩说，死亡债券的匿名性质和抽象性质，在某种程度上减少了它对我们的道德感的腐蚀性影响。一旦人寿保单被大规模地打包收购，再被切割分散并抛售给养老基金和大学捐赠基金，任何投资者就都不会与任何特定的人的死亡保有一种紧密利益关系了。不可否认，如果国家健康卫生政策、环境标准，或得到改善的饮食与锻炼习惯，使人们变得更加健康和长寿，那么死亡债券的价格就会下降。但是，与计算那位患艾滋病的纽约人或爱达荷州牧场主的死亡日期相比，一个人打赌死亡债券的价格不可能下降这件事，麻烦似乎总是要少一些。难道真的是这样吗？

有时候，我们会因为一种道德败坏的市场做法提供了社会善而决定容忍它。人寿保险最初就是人们做出的这样一种妥协。为了保护家庭和企业免遭养家之人或企业主管过早死亡而产生的经济风险，各国在过去两个世纪中勉强得出结论：应当允许那些对某人的生命拥有可保权益的人对死亡进行押注。然而，事实证明，投机的诱惑是很难抵御的。

　　正如今天大规模的生命与死亡市场证实的那样，使保险摆脱赌博名声的艰苦努力还没有大功告成。由于华尔街积极推进死亡债券交易，所以我们又回到伦敦劳埃德咖啡馆那个无拘无束的道德世界，只不过它现在的规模，使得人们就陌生人的死亡与不幸所押的赌注，相比之下似乎显得有点儿离奇了。

第 5 章

冠名权

我在明尼阿波利斯长大，还是个棒球发烧友。那时候，我支持的明尼苏达双城队（Minnesota Twins）在大都会球场打主场比赛。1965年，那时我12岁，运动场中性价比最高的座位要花3美元，露天看台的座位要花1.5美元。那一年，明尼苏达双城队参加了职业棒球联赛，而我至今仍然保留着我和父亲一起去看的第7场比赛的票根。我们坐在本垒和第三垒间的第三层看台上，票价是8美元。在那场比赛中，伟大的道奇队投手桑迪·科法克斯（Sandy Koufax）打败了明尼苏达双城队，为道奇队奠定了冠军地位，为此我的心都要碎了。

在那些年里，明尼苏达双城队的明星球员是哈蒙·基勒布鲁（Harmon Killebrew）。他是美国有史以来最伟大的本垒打球员之一，现在是棒球名人堂中的一员。在哈蒙·基勒布鲁职业生涯的顶峰，他一年能赚12万美元。在那些日子里，球员是没有转会自由的，因为球队控制了球员在整个职业生涯中的权力。这意味着球员几乎没有能力就薪水问题与球队进行谈判。他们要么为他们所在的球队打球，要么就根本没球打。（这一体制在1975年被废除。）[1]

自那时起，棒球业发生了巨大的变化。现在为明尼苏达双城队效力的明星球员乔·莫尔（Joe Mauer）最近刚签了一份为期8年、价值1.84亿美元的合同。莫尔每年能赚2 300万美元，他每一场比赛（实际上是其中7局比赛）所赚的钱比基勒布鲁整个赛季赚的还要多。[2]

不必惊讶，棒球比赛的票价也飞涨了。现在，观看明尼苏达双城队比赛的一个包厢座位的价格是72美元，而运动场中最便宜座位的价格也要11美元。明尼苏达双城队的票价还算是比较便宜的。纽约洋基队（New York Yankees）比赛的一个包厢座位要260美元，而露天看台上一个角度不好的座位也要12美元。我小时候没听说过棒球场上有企业包厢和豪华包厢，它们更贵，当然也为球队带来了大笔收入。[3]

棒球比赛的其他方面也发生了变化。我在这里考虑的并不是指定击球员，即人们激烈争论的美国棒球联盟中免去投手击球这项规则的变化。我考虑的是棒球中各种反映了市场、商业主义及经济思想在当代社会生活里发挥越来越大作用的变化。职业棒球赛在19世纪晚期诞生以来，一直是一门生意，至少部分是如此。但是在过去的30年里，那个年代狂热的市场环境对美国的娱乐活动也产生了持久的影响。

付费亲笔签名

下面让我们考虑一下比赛纪念品交易的问题。长期以来，棒球运动员一直是嚷嚷着索要亲笔签名的年轻球迷们狂热追逐的目标。在赛前或者有时候在赛后离开体育场时，比较礼貌的运动员会在球员休息处附近为球迷在记分卡和棒球上签名。今天，原本单纯亲笔签名的热闹场面已然被价值 10 亿美元的纪念品交易取代了，而经纪人、批发商及球队自身则支配着这种交易。

最让我记忆深刻的亲笔签名之旅是在 1968 年，那年我 15 岁。在此之前，我家已经从明尼阿波利斯搬到了洛杉矶。那年冬天，我在加利福尼亚州的拉科斯塔（La Costa）举办的一场慈善高尔夫球比赛的外场区闲逛。一些有史以来最伟大的棒球员在那场比赛中出场，而且他们中的大多数人都愿意在球洞与球洞之间的地方为球迷亲笔签名。我事先并没想到要带棒球和永久性马克笔。我身上只有一张 5 寸长、3 寸宽的空白卡片。一些球员用墨水笔签名，另一些则拿他们用来记高尔夫球比赛成绩的小铅笔签名。但是我得到了珍贵的亲笔签名，并激动地遇见了（尽管时间短暂）我年轻时代的英雄和在这之前就参加比赛的一些传奇人物：桑迪·科法克斯、威利·梅斯、米奇·曼托、乔·迪马乔、鲍勃·费勒、杰基·罗宾森，居然还有哈蒙·基勒布鲁。

我从来就没想过要出售这些亲笔签名，甚至也从不想知道它们在市场上会卖什么价钱。我至今仍珍藏着它们，当然还有我的棒球卡收藏品。但是在 20 世纪 80 年代，人们开始把体育界名人的亲笔签名和随身用品看作可买卖的物品，而且买卖它们的收藏家、经纪人和经销商越来越多。[4]

棒球明星开始收费签名，而他们收的费用也因他们地位的不同而不同。1986 年，名人堂投手鲍勃·费勒在收藏家展览会上以每个 2 美元的价格出售他的亲笔签名。3 年后，乔·迪马乔签一次名的价格是 20 美元，威利·梅斯的是 10~12 美元，泰德·威廉斯的是 15 美元。（到

20 世纪 90 年代，费勒的签名价上升到了 10 美元。）由于这些已经退役的棒球大腕是在高薪时代到来之前打球的，所以我们很难责怪他们在机会出现的时候大捞一笔的行为。但是现役运动员也加入了巡回签名的队伍。罗杰·克莱门斯在那时是波士顿红袜队的一位明星投手，他每一次亲笔签名的价格是 8.5 美元。包括道奇队投手奥雷尔·赫希泽在内的一些运动员认为，这种做法是令人反感的。棒球传统捍卫者对这种付费签名的做法表示哀叹，因为这不禁让人回想起贝比·鲁斯当年总是免费给人签名的场景。5

然而，纪念品市场在当时还只处于发展的初级阶段。1990 年，《体育画报》发表了一篇描述索要亲笔签名这一长期存在的做法是如何转变的文章。"亲笔签名的新型收藏者不仅粗鲁，而且冷酷，他们的动机就是钱"，他们在旅馆、饭店甚至运动员的家里不断地纠缠运动员。"索要亲笔签名的人在过去只是那些崇拜自己心目中的英雄的孩子，而现在索要签名的人还包括收藏者、经销商和投资者……这些经销商常常同一些他们付钱雇来的孩子一起干这事。这有点儿类似于费金与他的'机灵鬼'们①的关系。他们收集明星的亲笔签名，然后转身就卖掉这些签名。投资者购买明星的亲笔签名基于这样一个前提：如同收集具有重要历史意义的艺术品或人工制品一样，伯德、乔丹、马丁利或者荷西·坎塞柯的签名也会随着时间的流逝而增值。"6

20 世纪 90 年代，经纪人开始付钱给棒球运动员，让他们在成千

---

① 此处指小说《雾都孤儿》中的窃贼团伙首领费金和他手下的一帮窃贼，费金手下的窃贼都是小孩子，被费金利用，行窃赚钱，其中有个孩子叫"机灵鬼"。——编者注

上万的球、球棒、运动衫及其他物品上签名。然后经销商通过商品目录公司、有线电视频道和零售店售卖这类大规模生产的纪念品。1992年，据说米奇·曼托通过给2万个棒球签名和收取个人出场费赚了275万美元，比他在洋基队的整个运动生涯中赚的钱还多。[7]

然而，最大的价值则表现在运动员在比赛中使用的那些物品上。1998年，当马克·麦奎尔创造了一个对大多数赛季本垒打来说的新纪录时，人们对纪念品的追逐变得更疯狂了。拿到麦奎尔创下纪录的第70个本垒打的球的那个球迷，在一场拍卖会上把它卖了300万美元，使得这个球成为有出售记录以来最为昂贵的一件比赛纪念品。[8]

棒球纪念品向商品的转变，改变了球迷与比赛的关系，也改变了球迷彼此间的关系。当麦奎尔在那个赛季击中他的第62个本垒打（这个球破了以前的纪录）时，找回这个球的蒂姆·福尔内里斯（Tim Forneris）没有把它卖掉，而是即刻还给了麦奎尔。他递上球说："麦奎尔先生，我想我手上拿的是属于你的东西。"[9]

考虑到这个球的市场价值，蒂姆·福尔内里斯的这一慷慨行为引发了一连串的评论——大多数是赞扬的，也有些是批评的。这个22岁的兼职球场管理员受邀去迪士尼游玩，应邀参加大卫·莱特曼的脱口秀节目，并被邀请到白宫会见克林顿总统。他还去小学给孩子们演讲，告诉他们要做正确的事情。尽管福尔内里斯受到众多的赞扬，然而《时代周刊》的一位个人理财专栏作家却还是对他的轻率行为进行了责难，他把福尔内里斯归还那个球的决定说成"我们所有人都会犯的几个个人理财错误"的一个例子。这位专栏作家还说，只要他"用棒球手套接住了这个球，那么这个球就是他的了"。把球还给麦奎尔这个举动，例证了"一种致使我们当中的许多人在日常理财事务中犯严重错误的既定心态"。[10]

这里还有一个说明市场如何改变规范的例子。一旦一个创纪录的棒球被看作一件可以买卖的商品，把球还给击打它的运动员就不再是一种简单的体面姿态了。它要么是一种英雄般的慷慨行为，要么是一种愚蠢的挥霍行为。

3 年后，贝瑞·邦兹在一个赛季中击出了 73 个本垒打，打破了麦奎尔的纪录。人们为了抢到第 73 个球而大打出手，这不仅成了看台上的丑陋一幕，也导致了一场漫长的法律诉讼纠纷。接到这个球的球迷被一群试图抢夺这个球的人打倒在地。这个球滑出了他的手套，并被站在附近的另一个球迷捡到了。他们两个人都主张这个球按理来说是自己的。这场诉讼引发了几个月的法律争论，并最终由法院进行审判。这场审判由 6 位律师和数名由法院指定的法学教授组成的陪审团参加——法院要求这个陪审团就什么因素构成拥有一个棒球的问题做出界定。法官最后裁定，这两位权利主张者应当卖掉这个球并分享收益。结果，这个球卖了 45 万美元。[11]

现在，纪念品的市场营销已成为棒球比赛的一个常规部分。甚至美国职业棒球大联盟比赛的残留物，如运动员用过的破球棒和球，也都被卖给了那些狂热的买家。为了向收藏家和投资者保证比赛所用设备的真实性，现在美国职业棒球大联盟的每一场比赛都至少有一名官方"认证者"值班。这些认证者装备有高科技的全息图贴纸，它们会记录并验证销往价值 10 亿美元的纪念品市场的棒球、球棒、垒板、球衣、卡牌和运动员其他随身物品的真实性。[12]

2011 年，德瑞克·基特的第 3 000 次击打是纪念品产业的一件幸事。在与一个收藏者的一笔交易中，这位著名的洋基队游击手在他里程碑式的一击后的第二天，在 1 000 个纪念性棒球、照片和球棒上签了名。这些亲笔签名的棒球卖到了 699.99 美元一个，球棒卖到了 1 099.99 美元一个。他们甚至出售他走过的土地上的泥土。在基特完成第 3 000 次击打的比赛后，一个球场管理员从基特站过的击球手击球区和游击位置那里收集了 5 加仑[①] 的泥土。装有神圣泥土的桶被封存起来并贴上了认证者的全息图，后来这桶泥土被一匙一匙地卖给了球迷和收藏者。当洋基队的老体育场被拆除的时候，人们也把泥土收集起来并拿去出售。一家纪念品公司声称自己卖掉了价值超过 1 000 万美元的真正的洋基队体育场的泥土。[13]

一些球员还试图利用一些不怎么光彩的做法来赚钱。创纪录的击球领袖彼得·罗斯因为赌球而被开除出棒球界。他有一个网站，专门用来出售与他被开除的事件有关的纪念品。花 299 美元，另加运费和手续费，你就可以买到一个由他亲笔签名并刻有"我为自己赌球道歉"字样的棒球。花 500 美元，你就会收到一份上面有他亲笔签名的把他从棒球界开除的文件的复制版。[14]

其他的球员试图出售一些更加怪异的物品。2002 年，据说亚利桑那响尾蛇队（Arizona Diamondbacks）的外场手路易斯·冈萨雷斯为了慈善事业，在网上要价 1 万美元拍卖一块他嚼过的口香糖。西雅图水手队（Seattle Mariners）的投手杰夫·尼尔森在做完肘部手术

---

① 1 美制加仑约为 3.79 升。——编者注

后，把他肘部的那些骨头片放在易贝（eBay）上进行出售。在易贝根据一项反对出售人体器官的规则终止这项拍卖之前，竞价居然达到了 23 600 美元。（有关公告并没有说明在他进行这项手术时认证人员是否在场。）[15]

赛事冠名权

运动员的亲笔签名和随身物品并不是拿来买卖的所有东西。棒球场的名称也可以买卖。尽管一些体育场仍然沿用它们的历史名称，比如洋基体育场、芬威公园，但是美国职业棒球大联盟的大多数棒球队现在却都在向最高出价者出售体育场的冠名权。银行、能源公司、航空公司、科技公司及其他企业都愿意花大把的钱去赢得人们的关注，而其方式便是用它们的名称来冠名大联盟各个球队的棒球场和活动区域。[16]

芝加哥白袜队（Chicago White Sox）在科米斯基公园（Comiskey Park）进行了 81 年的比赛，而这个运动场是以该队早期一位老板的名字命名的。现在，这个球队在一个叫"美国移动通信球场"（U.S. Cellular Field）的宽敞体育场打球，而该体育场就是由一家移动通信公司冠名的。圣迭戈教士队（San Diego Padres）在佩特科公园（Petco Park）打球，而该体育场是由一家宠物供应公司冠名的。我所喜欢的那个老球队明尼苏达双城队现在在标靶球场（Target Field）打球，而这个球场得到了一家总部设在明尼阿波利斯的零售业巨头的赞助；此外，这家公司把它的名字放在了附近的明尼苏达森林狼队（Minnesota Timberwolves）进行篮球比赛的球场［标靶中心（Target Center）］上。体育界最昂贵的冠名权交易之一是一家金融服务公司（花旗集团）在2006年下半年同意出资4亿美元获得20年的纽约大都会队（New York Mets）新棒球场即"花旗球场"的冠名权。到2009年，即大都会队在该体育场打第一场比赛的那年，金融危机给这项赞助安排留下了阴影。批评者们抱怨说，这项安排现在是由花旗集团的纳税人的紧急援助来资助的。[17]

橄榄球体育场也是吸引企业赞助者的地方。新英格兰爱国者队（New England Patriots）在吉列体育场（Gillette Stadium）比赛，而华盛顿红皮队（Washington Redskins）则在联邦快递球场（FedEx Field）比赛。梅赛德斯-奔驰公司最近购买了新奥尔良的超级碗冠军，即圣徒队大本营的冠名权。截至2011年，美国国家橄榄球联盟的32支球队中有22支在企业赞助者冠名的体育场中进行比赛。[18]

由于出售体育场的冠名权在今天已极为常见，所以人们很容易忘记这种做法是在最近才流行开来的。这种做法与棒球运动员开始出售他们的亲笔签名大致是同时出现的。1988年，只有3个体育场进行了冠名权交易，总价值仅有2 500万美元。到2004年，体育场已经达成了66项交易，总价值达36亿美元。这个比职业棒球、橄榄球、篮球和曲棍球比赛的所有体育馆和体育场的一半还多。到2010年，在美国，已经有超过100家公司花钱给大联盟的体育场或体育馆冠名。2011年，万事达卡公司购买了2008年北京奥林匹克运动会篮球馆的冠名权。[19]

企业的冠名权不只是在体育场的大门上打个标记，还延伸到了广播员在描述比赛动作时的用语。当一家银行购买了亚利桑那响尾蛇队体育场（第一银行棒球场）的冠名权时，这项交易还要求该队的广播员把每一个亚利桑那响尾蛇队的本垒打都称作"第一银行本垒打"。大多数球队还没有公司赞助的本垒打，但是一些球队已经出售了投球变化的冠名权。当球队经理走上投球区土墩召唤一个新投手时，某些广播员按照合同约定，必须称这一举动是"美国电话电报公司呼叫新投手至候补投手区（新投手上场前的暖身区）"。[20]

甚至滑进本垒现在也成了企业赞助的事情。纽约人寿保险公司同美国职业棒球大联盟的 10 支棒球队达成了一笔交易，而这笔交易要求在一个运动员每次成功滑垒时做一次推广宣传。所以，比如，当裁判员判定一个跑垒者安全抵达本垒时，一家企业的标识就会出现在电视屏幕上，而且专事报道的广播员必须说："安全抵达本垒。既安全又保险。纽约人寿保险公司。"这并不是两局比赛之间出现的商业广告用语，而是企业赞助播报比赛本身的一种方式。"这句广告语很自然地融入了棒球比赛，"纽约人寿保险公司的副总裁和广告主管解释说，它"对那些为自己最喜爱的球员安全抵达本垒而欢呼的球迷来说是个重要的提示，即同美国最大的互助人寿保险公司在一起，他们也可以是既安全又保险的"。[21]

2011 年，黑格斯敦太阳队（马里兰的一支小联盟棒球队）得到了棒球比赛中最后一块未开发领域的商业赞助：他们向当地的公用事业公司出售了一个运动员上场击球的冠名权。每当该队最佳击球手和极有望进入美国职业棒球大联盟打球的运动员布莱斯·哈珀上场击球时，该队就会广播说："现在上场击球的是米斯公用事业公司（Miss Utility）推荐给你们的布莱斯·哈珀。在你进行挖掘作业之前，请不要忘了拨打电话811。"这一不搭调的商业广告信息是什么意思呢？显而易见，这家公司认为，这种方式可以影响那些正在从事有可能损毁地下公用事业管线的建筑事务的棒球球迷。该公用事业公司的市场主管解释说："在布莱斯·哈珀采用棒头着地击球法之前对球迷们进行这样的宣讲，是提醒在场所有球迷的一个很重要的方法，因为这可以使他们知道在进行每一次挖掘作业之前联系米斯公用事业公司的重要性。"[22]

到目前为止，美国职业棒球大联盟中还没有一支球队出售过运动员的冠名权。但是在2004年，美国职业棒球大联盟确实进行过出售垒板广告的尝试。在一项同哥伦比亚影业公司合作的广告推广交易中，棒球官方同意在6月美国职业棒球大联盟每个棒球场的第一、第二和第三垒上放置3天即将上映的电影《蜘蛛侠2》的广告标识。本垒板上依旧不放任何广告。然而，事后引发的公众反对浪潮，最终使得这一新的广告举措被迫取消。显而易见的是，即使在已然充满浓重商业味道的棒球比赛中，垒板也依旧是神圣的。[23]

豪华包厢

像美国人生活中少数其他制度一样，棒球、橄榄球、篮球和曲棍球是社会凝聚力和公民自豪感的一个源泉。从纽约的洋基体育场到旧金山的烛台公园（Candlestick Park），体育场都是美国"公民宗教"的大教堂，即以失败与希望、亵渎与祈祷的仪式把各色人等聚集到一起的公共空间。[24]

然而，职业运动不仅是公民认同的一个源泉，也是一种商业。而且在最近的几十年里，运动中的金钱因素一直在排挤共同体因素。那种认为冠名权和企业赞助毁掉了主队之根基的说法，有些夸大其词。但是，改变一个城市地标的名称却会改变它的意义。这便是底特律的球迷们在老虎体育场（底特律棒球队也以此为名）根据一家银行的名字更名为"克迈利卡公园"（Comerica Park）时深感悲痛的一个原因。这也是丹佛野马队（Denver Broncos）的球迷们在发生下述事件时甚感恼怒的原因：他们挚爱的让人产生无限空间感的"迈尔高体育馆"被一个让人想到一家互惠保险公司的名字"银威斯科球场"（Invesco Field）取代了。[25]

当然，体育场主要是人们聚在一起观看体育比赛的地方。当球迷去棒球场或体育场时，他们主要不是为了获得一种公民体验。他们是去看大卫·欧提兹在第9局的最后时刻打出一个本垒打，或汤姆·布雷迪在一场橄榄球比赛的最后几秒钟触地得分的。但是，这种场景的公共性质仍然透露了一种公民教育因素：我们所有人都在一起，也就是说至少有几个小时我们在一起分享一种空间感和公民自豪感。当体育场更少像地标而更多像广告场时，它们的公共性也就变弱了。也许，它们能激发的那种社会凝聚力和公民感也在变弱。

伴随公司冠名权的兴起而出现的大量设置豪华包厢的趋势，更强烈地侵蚀了运动中教育公民的因素。当我在20世纪60年代中期去看明尼苏达双城队比赛时，最贵的座位和最便宜的座位之间的差价只有2美元。实际上，在20世纪的大部分时间里，公司高管和蓝领工人在棒球场上都坐在一起观看比赛，每个人都要排队买热狗或啤酒，而如果下雨，富人和穷人一样都会被淋湿。然而，在过去的几十年中，这种情况发生了变化。赛场上方高耸的包厢的出现，把富人和特权者同下面看台上的普通民众隔开了。

尽管超前的休斯敦太空人体育场（Houston Astrodome）于 1965 年最早设置了豪华包厢，但在达拉斯牛仔队（Dallas Cowboys）于 20 世纪 70 年代在得克萨斯体育场（Texas Stadium）设置豪华套房时，包厢才真正开始流行。企业花成千上万美元在位于平民百姓座位上方的豪华包厢里招待公司高管和客户。在 20 世纪 80 年代，至少有 12 支球队跟随牛仔队的脚步，在高空玻璃房中极其热情地款待那些富有的球迷。在 20 世纪 80 年代后期，虽然国会削减了企业因支付包厢费而要求的税收减免额度，但是这并没有遏制人们对免受风吹雨淋的包厢的需求。

从豪华包厢中赚到的收入对球队来说是一笔横财，并且推动了体育场建设在 20 世纪 90 年代的繁荣。但是评论者却抱怨说，摩天豪华包厢毁掉了体育运动所具有的阶级调和这一功用。乔纳森·科恩（Jonathan Cohn）写道："摩天豪华包厢完全因为其舒适的轻浮而证明了美国社会生活中的一个根本缺陷：精英们急切地甚至拼命地要把自己从其余的大众中分离出去……职业运动比赛曾经是舒缓身份焦虑的一剂良药，但是现在却被这种病毒严重侵害了。"为《新闻周刊》写作的一位作家弗兰克·德福特（Frank Deford）指出，大众体育运动最迷人的地方永远是它"在本质上所具有的那种民主性……体育场是为盛大的公共集会而建的，它就像我们所有人都能兴高采烈地聚集在一起的一片20世纪的社区绿地"。但是新出现的豪华包厢"却把有身份的人同广大民众完全隔离开来。对此，我们可以公平地说，美国体育运动赛场座位的豪华程度，可以使其夸耀说自己是娱乐领域阶层分化最明确的地方"。得克萨斯州的一家报纸把摩天豪华包厢称作"运动版的封闭住宅区"，它能使富有的包厢享用者"把自己同其余的公众隔离开来"。[26]

尽管体育场的摩天豪华包厢招致了很多抱怨，但是它们现在仍然是大多数职业体育场及很多大学体育馆的一个标志性设施。虽说包括豪华包厢和俱乐部座席在内的贵宾席只占了体育场所有座位数量中的一小部分，然而它们却几乎占了美国职业棒球大联盟中一些球队门票收入的40%。2009年开始投入使用的新洋基体育场比旧体育场少了3 000个座位，但是豪华包厢却比原来多了两倍。很多人都等着购买波士顿红袜队在芬威公园的40个豪华包厢的套票，而这些赛季套票的价格达35万美元。[27]

一些设立了一流运动项目的大学，也发现摩天豪华包厢的收入有着不可抗拒的诱惑力。截至1996年，美国近36个大学体育场设置了豪华包厢。到2011年，除了圣母大学，美国大学橄榄球联盟中几乎每所大学的体育场都开设了豪华包厢。联邦税法也给予那些使用大学体育场摩天豪华包厢的人一项特别的税收政策，即允许豪华包厢套票的购买者从购票费用中扣除80%的费用作为对该大学的慈善捐助。[28]

最近一次关于摩天豪华包厢道德的论战发生在密歇根大学，它是美国最大的大学体育场所在地。众所周知，密歇根大学体育场是"大宅子"。1975 年以来，密歇根大学体育场的每一场主场橄榄球比赛都吸引了 10 万多名球迷。2007 年，当该大学的校董们考虑一项用 2.26 亿美元翻新体育场的计划（包括为这个具有标准传统风格的体育场增建摩天豪华包厢）时，一些校友提出了抗议。一位校友论辩说："对大学橄榄球球场，尤其是密歇根大学的橄榄球球场来说，重要的一件事情是：它是一个重要的公共空间，是汽车工人和富豪可以在一起为他们的球队喝彩的地方。"[29]

一个被称作"拯救大宅子"的群体着手收集请愿书，希望说服校董们拒绝增建豪华包厢的计划。评论者写道，在过去的 125 年中，"富人和普通民众一直不分彼此地站在一起，在一起紧张，在一起喝彩，并在一起赢得胜利。私人豪华包厢代表的正是那种传统的对立面，因为它们根据收入多少把密歇根的球迷分成了两部分，而且伤害了各种年龄和不同背景的密歇根球迷原来在一起观看比赛时共享的那种团结、兴奋和友好。那种试图在密歇根体育场增建私人豪华包厢的想法，是与密歇根大学致力于追求的那些平等理想相悖的"[30]。

最后，人们的抗议还是失败了。校董会后来以 5∶3 的票决通过了为密歇根体育场增建 81 个豪华包厢的计划。当修缮一新的体育场于 2010 年投入使用时，一间可供 16 人享用的豪华包厢的价格高达每个赛季 85 000 美元，其中包括停车费。[31]

点球成金

纪念品市场、冠名权和摩天豪华包厢在最近几十年的兴起，说明我们这个社会是一个受市场驱动的社会。市场逻辑在体育界中的另一个例子，是最近人们把棒球变成"金钱"的事例。"点球成金"这个术语是迈克尔·刘易斯在其 2003 年出版的一部畅销书中提出来的，而且他用金融界的洞见分析了一个棒球故事。在《点球成金》（*Moneyball*）一书中，刘易斯描述了一个支付不起昂贵球星薪水的小市场球队（奥克兰运动家队）是如何设法赢得与富有的纽约洋基队一样多的比赛场次的，尽管它只有后者 1/3 的薪水总额。

当时，在总经理比利·比恩（Billy Beane）的领导下，奥克兰运动家队用廉价的方式打造了一支有竞争力的球队，而其关键便在于：第一，运用统计分析去辨识那些技术被低估的球员；第二，采用与传统棒球智慧不同的策略。比如，他们发现，对赢球来说，高上垒率比高打击率或长打率更重要。于是，他们雇用了一些能够打出很多保送上垒球的球员——虽说这些球员没有高价的长打球员那么出名。传统的棒球观点认为，偷垒可以赢得比赛，但是他们却发现，偷垒的尝试在一般意义上是减少而不是增加了球队得分的机会。于是，他们甚至不鼓励他们速度最快的运动员去尝试偷垒。

比恩的策略取得了成功，至少一度是如此。2002 年，当刘易斯跟踪奥克兰运动家队进行分析的时候，该队赢得了美国联盟的西部冠军。尽管奥克兰运动家队在季后赛中被打败，但是它的复杂历程却是一个吸引人的"大卫和巨人歌利亚"传说：一个缺乏资金的小球队运用其智慧和现代计量经济学的工具，与一个像洋基队这样富有且强大的球队进行竞争。在刘易斯的描述中，奥克兰运动家队也是精明的投资者如何充分利用市场缺陷而获益的一个实例。比恩把新型量化分析商人带给华尔街的东西运用到棒球比赛之中，而这就是那种运用计算机分析战胜那些依赖直觉和个人经验的老前辈的能力。[32]

2011 年，《点球成金》被拍成一部好莱坞电影，布拉德·皮特饰演比利·比恩这一角色。这部电影令我很扫兴。我起初不明白这是为什么。布拉德·皮特一如既往地迷人、有魅力，那么为什么这部电影如此令人感到不满呢？部分是由于它忽视了这个队的球星——3 个卓越的年轻首发投手和全明星游击手米格尔·特哈达，反而把重点放在了那些比恩因为他们有能力打出保送上垒球而与他们签约的边缘球员身上。但是我想，真正的原因是人们很难为计量分析方法和较有效的价格机制的胜利喝彩。量化分析方法和较有效的价格机制，而非运动员，才是《点球成金》的真正主角。[33]

实际上，我确实知道，至少有一个人认为价格功效是鼓舞人心的。这个人就是我的朋友和同事劳伦斯·萨默斯（就是那位我在前文讨论过的在晨祷演讲中主张节约使用利他主义精神的经济学家）。在 2004 年作为哈佛大学校长所做的一次演讲中，他把《点球成金》作为一个例证来说明"过去 30 年或 40 年中发生的一场重要的知识革命"：这就是作为"一种科学真实形式"的社会科学尤其是经济学的兴起。他解释了"一个极具智慧的棒球队总经理是如何通过雇用一位计量经济学博士"计算出能够帮助球队取胜的棒球技巧和策略的。萨默斯在比恩的成功中还窥见了一个更重要的真理：棒球的点球成金法可以为生活中的其他方面提供各种教益。"棒球在这个方面的成功之道，实际上也适用于更为广泛的人类活动。"

在萨默斯看来，这种科学方法（点球成金法）的智慧还会在其他什么领域胜出吗？在环境监管领域，"坚定的环保活动家和律师"将让位于"熟练进行成本-收益分析的人"。在美国总统竞选中，现在更需要的是"聪明的经济学家和工商管理硕士"，而不是在过去占主导地位的、聪明的年轻律师。在华尔街，掌握电脑专业技能的计量分析专家正在取代那些专事闲谈的健谈者，并且正在发明各种新型的复杂衍生品。萨默斯说："在过去的 30 年中，投资银行这个领域已经为那些擅长解决定价衍生债券中的高难度数学问题的人所控制，而不再为那些擅长在高尔夫球俱乐部的酒吧间会见客户的人所把持。"[34]

我们可以看到，就在金融危机爆发前 4 年，市场必胜论的信念（点球成金的信念）已经明显展现。

就像后来的事态发展表明的那样，市场必胜论的结果并不好——既对经济不好，也对奥克兰运动家队不好。奥克兰运动家队在 2006 年最后一次打进季后赛，自那以后再也没有赢得季节联赛。公平地说，这并不是因为点球成金失败了，而是因为它传播开来了。部分是由于刘易斯这本书的出版，所以其他的球队，包括那些较富有的球队，也都认识到了签约那些有高上垒率的球员的价值。到 2004 年，这样的球员已不再是便宜货，因为富有的球队抬高了他们的薪水。那些耐心击出很多保送上垒球的球员的薪水，反映了他们对球队取胜的贡献。比恩曾经利用的那些市场缺陷已不复存在。[35]

结果表明，点球成金不是劣势者的策略，至少从长远来看不是。富有的球队也可以雇用统计员并开出比不富有的球队更高的价格去竞签他们所推荐的棒球手。波士顿红袜队是棒球运动员薪水最高的球队之一，它赢得了 2004 年和 2007 年职业棒球联赛的冠军，而领导这个球队的老板和总经理也都是点球成金的倡导者。刘易斯那本书出版后，金钱在决定大联盟各球队的比赛胜率方面渐渐起了更重要的作用，而不是相反。[36]

这与经济学理论预测的基本一致。如果给棒球天才有效定价，那么那些把最多的钱用来支付运动员薪水的球队会做得最好。但这回避了一个更大的问题。点球成金使棒球变得更有效了——经济学家所说的意义上的那种有效。但是，点球成金使棒球变得更好了吗？很可能不是这样的。

让我们考虑一下点球成金对棒球比赛方式造成的变化：在击球时更拖延，更多的保送上垒，更多的投球，更多的投球变化，更少的自由摆动，在垒道上更不敢大胆，更少的短打和偷垒。这很难算得上棒球的进步。在比赛第 9 局的下半局，出现满垒 2 好球 3 坏球的情况时，那可以说是棒球经典的决胜时刻，而一场充满被三振出局和保送上垒的比赛则是沉闷乏味的。点球成金没有毁掉棒球，但就像近年来其他的市场侵扰一样，它减损了棒球比赛的品质。

以上所述佐证了我在本书中论及各种物品和活动时竭力想要阐明的一个要点：使市场变得更有效，本身并不是一种美德。真正的问题是：引入某种市场机制究竟是会改进还是会侵损这项运动的品质？它不仅是一个值得我们向棒球运动追问的问题，也是一个值得我们向我们生活于其间的社会追问的问题。

无孔不入的广告

体育界并不是市场和商业主义猖獗的唯一领域。在过去 20 年里，商业广告越出了人们熟悉的那些媒介——报纸、杂志、广播和电视，侵入了我们生活的每个角落。

2000 年，一架印有一个巨大必胜客标识的俄罗斯火箭把广告带进了外层空间。但是，20 世纪 90 年代以来，广告侵入的大多数新地方却是极其一般的平常之地。在食品杂货店，推广最新好莱坞电影或网络电视剧的小广告开始出现在苹果和香蕉上。在奶制品商店，为哥伦比亚广播公司（CBS）秋季电视团队做宣传的广告也开始出现在鸡蛋上。这些广告并不是被印在装鸡蛋的硬纸盒上，而是被刻在每个鸡蛋上。它采用的是一项新型激光蚀刻技术，这项技术能够把公司的标识和广告语蚀刻在蛋壳上（这种蚀刻非常精致却很难去掉）。[37]

由于视频屏幕安放得非常有策略，所以广告客户可以巧妙地捕捉到那些最容易受到干扰和最容易分心的人的注意力。在你不得不站着等候的那个短暂片刻，你也能够看到这些视频：在你等着要去某楼层的电梯里，在你等着取现金的自动取款机旁，在你等着给你的汽车加油的加油站泵旁，甚至在饭店、酒吧和其他公共场所的小便池旁。[38]

洗手间里的广告通常包括厕所小隔间里和小便池旁的墙上张贴的附有妓女和护送服务的电话号码的违禁小广告或涂鸦。但是在 20 世纪 90 年代，这种广告开始成为主流。《广告时代》（*Advertising Age*）发表的一篇文章指出，"像索尼、联合利华及任天堂之类的营销商与主要的酒水公司和电视网络，一起把妓女和行为怪异者挤向了一边，而它们的目的就是在那些正在上洗手间的人面前的墙上印上它们自己的商业信息"。为除臭剂、汽车、唱片艺术家和电子游戏制作的那些轻松广告，已然成为厕所小隔间里和小便池墙上的一道常见风景。到2004年，洗手间广告已经发展成了一个价值5 000万美元的产业，它面向的是年轻、富有且一定会受制的受众。洗手间广告公司拥有自己的行业协会，最近还在拉斯韦加斯召开了第14次年会。[39]

当广告客户开始购买洗手间墙上的广告空间的时候，广告也找到了进入书籍的渠道。"付费产品植入"一直是电影和电视节目的一个特征。但是在2001年，英国小说家费伊·韦尔登（Fay Weldon）出版了一本由意大利珠宝公司宝格丽集团（Bulgari）委托撰写的小说。韦尔登同意在这本小说中至少提到宝格丽的珠宝12次，而条件是得到一笔不公开的报酬。这本小说恰到好处地以《宝格丽的人脉》（*The Bulgari Connection*）为名，由哈珀科林斯出版社在英国出版，并由格罗夫/大西洋出版社在美国出版。韦尔登在这本小说中提及宝格丽产品的次数大大超过了宝格丽公司的要求，居然达到了34次。[40]

一些作家对公司赞助小说这种想法表示愤怒，并敦促小说编辑不为韦尔登的小说安排书评。一位评论家指出，产品植入的做法很可能会"侵蚀读者对叙述真实性的信心"。另一位评论家则指出，充满产品的行文就像下面的文字一样，一点儿都不流畅："多里斯说：'两条手链在商店，不如一条宝格丽手链在手。'"或者："激情过后，他们又幸福地依偎了片刻。就在午餐时间，她又同他相约在宝格丽公司。"[41]

尽管在书中植入产品的做法并没有流行开来，但是数字阅读工具和电子出版物的出现将很可能使阅读更容易与广告结合起来。2011年，亚马逊网站开始出售两款电子书阅读器：一款有"特别优惠和赞助的屏幕保护器"，另一款则没有。特别优惠的版本比标准版便宜40美元，但是在屏幕保护器上和主页底部都会反复出现广告。[42]

　　乘飞机出行是另一种日益被商业裹挟的活动。在本书的第1章，我们已经看到航空公司是如何通过对安全检查点的插队权和提前登机权进行额外收费，而把机场排队变成获利机会的，但这并非全部。经过排队、登机并在座位上坐稳，你很可能会发现自己已被各种广告包围。几年前，全美航空公司（US Airways）就开始出售小桌板、餐巾和（虽然似乎不大可能）晕机呕吐袋上的广告空间。两家廉价航空公司——精神航空（Spirit Airlines）和瑞安航空（Ryanair）也已把广告印在了高位行李架上。最近，达美航空公司则尝试在飞机起飞前播放的安全事项视频里插播一段林肯汽车的广告。在人们埋怨这种插播广告的做法会致使人们忽视安全告示后，该航空公司才把林肯汽车的广告移到了这段视频的末尾。[43]

　　现在，你不需要成为一个作家或拥有一家航空公司，就可以吸引公司的赞助商。你只要拥有一辆汽车就可以做到这一点，条件是你愿意把你的汽车变成一块移动的广告牌。为了使你允许商家在你的汽车上印上能量饮料、移动电话公司、衣物清洁剂或地方管道设备供应商店的标识和产品广告，广告代理机构愿意每个月为你支付约900美元。这些交易会受到一些合理的限制。比如，如果你正在为可口可乐的某个产品打广告，那么你就不能被人抓到你在开车时喝百事可乐。广告客户估计，如果你开着装饰着广告的车绕着城镇转并在公路上跑，那么你每天可以让多达 7 万个人看见其广告信息。[44]

你还可以把你的房子变成一块广告牌。2011 年，加利福尼亚州的一家小广告公司"左克广告公司"（Adzookie）向那些面临丧失赎回权或努力偿还房贷的房屋所有权人发出了一项具有特殊利益的要约。如果你让这家公司在你家房子的整个外部（除了屋顶）用油漆涂上色彩明亮的广告，那么只要你的房子一直展示这些广告，这家公司就会每个月帮你偿还房贷。这家公司在它的网站上宣称："如果你为明亮的色彩和来自邻居的目光做好了准备，那么你只需要填好下面的申请表即可。"于是，这家公司收到了很多对此感兴趣的房屋所有权人的申请。尽管它本来只想在 10 座房屋上装饰广告，但它却在不到两个月的时间里收到了 2.2 万份申请。[45]

即使你没有汽车或房子，你在近年仍然有办法利用广告这一财源来赚钱：你可以把你的身体做成一块广告牌。我所知道的情况是，这种做法始于卡萨·桑切斯餐厅（Casa Sanchez）。它是旧金山一个家族开的墨西哥小餐厅。1998 年，餐厅所有者向任何愿意把这家餐厅的标识——骑在一个大玉米穗上的戴着宽边帽的男孩儿——文在自己身上的人提供终身的免费午餐。桑切斯家族以为，如果有人愿意，也只有很少的人会根据要约把标识文在自己身上。但是他们错了。几个月内，有超过 40 个人炫耀着卡萨·桑切斯的文身行走在旧金山的大街上。而且他们常常在午餐时间到这家餐厅去吃免费的墨西哥玉米煎饼。

这家餐厅的老板为这一促销手段的成功深感欣喜，但是他们在意识到下面这种情况时懊悔不已：如果每一个文有他们餐厅标识的人在此后的 50 年里每天都来吃午餐，那么他们餐厅将会亏损价值 580 万美元的墨西哥玉米煎饼。[46]

几年后，一家伦敦的广告代理机构开始出售人们前额上的广告空间。与卡萨·桑切斯餐厅的促销策略不同，前额上的刺青是暂时的而非永久的，但是部位却更加明显。这家代理机构招募那些愿意以每小时 4.2 英镑（约 6.83 美元）的价格在自己的前额印上公司标识的大学生。一位潜在的赞助商称赞这个理念，说前额广告是"对那种挂在身上的广告牌的延伸，但却更有机"。[47]

其他广告代理机构开发出了身体广告的各种衍生品种。新西兰航空公司雇了 30 个人来当"后脑勺广告牌"。受雇者剃光他们的头发，并把写着"需要做个改变吗？低头直降新西兰"广告语的暂时性刺青印在他们的后脑勺上。展示后脑勺广告两个星期的报酬是：一张去新西兰的往返机票（价值 1 200 美元）或者 777 美元的现金（这个数字象征着这家航空公司使用的波音 777 飞机）。[48]

一位 30 岁的犹他州妇女卡丽·史密斯（Kari Smith）可以说是身体广告牌中的一个极端，因为她在网上拍卖商业利用其前额的权利。作为一名在学校努力拼搏的 11 岁男孩的单身母亲，她需要钱来支付儿子的学费。在 2005 年的一次在线拍卖中，她提出，如果有商业赞助商愿意付给她 1 万美元，那么她可以在自己的前额上为这家赞助商植入一则永久性的广告。一家在线博彩公司支付了这笔费用。尽管文身艺术家竭力劝阻她，但她还是坚持在自己的前额文上了这家博彩公司的网页地址。[49]

商业主义有什么错

很多人对冠名权和广告在 20 世纪 90 年代和 21 世纪早期的泛滥深感厌恶，甚至感到惊恐。这种焦虑和担忧可见于报刊上数不胜数的标题："广告的倾泻让人无处可逃、无处藏身"（《洛杉矶时报》）、"广告的猛攻"（伦敦的《太阳时报》）、"无尽的广告"（《华盛顿邮报》）、"广告几乎无所不在"（《纽约时报》）、"无孔不入的广告"（《今日美国》）。

批评家和激进分子谴责"庸俗的商业价值观"和"广告和商业主义的低俗性"。他们把商业主义称作"瘟疫"，它"在美国各地肆虐，把人们的心灵、头脑和社区都变得粗鄙不堪"。一些人把广告说成"一种污染"。当一位购物者被问及她为什么不喜欢看到食品杂货店的水果上贴着电影广告时，她说："我不想让广告把我的苹果弄脏。"据报道，甚至一位广告主管人员自己都说："我不知道还有什么东西是神圣的。"[50]

人们很难否认这些关切具有的道德力量。不过，在强势的公共话语体系内，我们也很难解释清楚我们在过去 20 年里所见证的广告激增有什么错。

长久以来，侵略性的、干扰性的广告一直是文化抱怨的主题。沃尔特·李普曼（Walter Lippmann）在 1914 年就哀叹道："欺骗性的喧嚷破坏了景致，覆盖了篱笆，贴满了城市，并对你彻夜眨眼和闪烁。"广告似乎无处不在。"东边的天空充满口香糖，北边的充满牙刷和内衣，西边的充满威士忌酒，南边的充满衬裙，满天都闪烁着怪异的轻浮女人。"[51]

要是李普曼当时沿着美国中西部和南部的国道旅行一次，那么他的担忧就会得到证实。他在沿途会看到成千上万个漆着五颜六色的嚼烟广告的谷仓："嚼迈尔·珀奇牌烟草：对自己好一点儿。"迈尔·珀奇烟草公司几位有魄力的老板，从19世纪90年代末开始支付拥有靠近旅游热线的谷仓的农民1~10美元（加上一份免费的油漆工作），把他们的谷仓变成广告牌。作为最早的户外广告的例子之一，这些广告牌谷仓可以说是最近尝试把广告漆在人们住房上的一个早期先例。[52]

尽管有上述先例，最近20年的商业主义仍然展现了一种独特的无限性，而其象征的便是一个所有东西都可以待价而沽的世界。很多人都认为这样的世界是令人不安的，事实也确实如此。但是，对此而言，究竟有什么东西可以让人反对呢？

一些人说"没有任何东西"。如果所出售的用于广告或企业赞助的空间（房子或谷仓、体育场或厕所小隔间、二头肌或前额）属于出售它的那个人，并且是他自愿出售的，那么任何人都无权予以反对。如果它是我的苹果、飞机或棒球队，那么我就应当可以按照自己的意愿自由地出售冠名权和广告空间。这便是支持广告市场不受限制的理据。

正如我们在其他情形中看到的那样，这种自由放任的论点招致了两种反对意见。一种反对意见与强迫和不公平有关，另一种则与贬低和腐蚀有关。

第一种反对意见接受选择自由的原则，但是对每一种市场选择的情形是否真正自愿这一点提出了疑问。如果一个面临即将丧失赎回权的房屋所有者同意把一则俗气的广告漆在他家的房子上，那么他的选择就很有可能不是真正自由的，而是受到切实强迫的。如果一位急需用钱为其孩子买药的父亲同意用文身的方式在他身上为一款产品做广告，那么他的选择就可能不是完全自愿的。这种反对强迫的意见坚持认为，市场关系只有在我们买卖的背景条件是公平的，即任何一方都没有受到急迫经济需求的强迫的前提下，才能被看作是自由的。

我们当今的大多数政治论战都是在这两大阵营之间展开的：一方论者支持市场不受限制；另一方论者则主张，市场选择只有在平等条件下（当社会合作的基本条件是公平的时候）才是自由的。

但是，上述两种立场中的任何一种立场，都无法帮助我们解释市场思维和市场关系侵入所有人类活动的世界究竟有什么是会令我们感到焦虑的。为了阐明这个问题，我们必须使用"腐蚀"和"贬低"这类道德术语。而且使用"腐蚀"和"贬低"这样的术语，至少是在用隐晦的方式诉诸善生活的观念。

让我们考虑一下批评商业主义的论者使用的术语："贬值"、"玷污"、"粗鄙"、"污染"、"神圣"的丢失等。这些都是指向更高级生活方式和存在方式的精神层面的语言。它同强迫和不公平无关，而同贬低某些态度、做法和物品的价值有关。对商业主义的道德批判，是我所谓的反对腐蚀的论点的一个例子。

就冠名权和广告而言，腐蚀会在两个层面表现出来。在一些情形中，某种做法的商业化本身就是在贬低自身。所以，比如，一个前额上印有公司赞助的烟草广告而四处游走的人是在贬低自己的身份，即使这桩买卖是他自由选择的。

或者，让我们考虑一下一个只能被称作极端冠名权的例子：2001年，一对期待有一个儿子的夫妇把他们儿子的命名权放到易贝和雅虎上出售！他们希望能有一家公司购买这个冠名权，并且作为回报，给这对恩爱的父母提供足够的钱为他们即将添丁的家庭购买一栋舒适的房子和其他生活设施。然而，到最后也没有哪家公司愿意支付他们想要的 50 万美元，所以他们只得放弃这个念头，并按通常的方式给他们的儿子取了名字。他们给他取名为赞恩。[53]

现在，你可能会论辩说，把孩子的命名权卖给一家企业的做法是错误的，因为孩子没有同意（反对强迫的意见）。但是，这却不是人们反对这种做法的主要原因。毕竟，孩子通常不会给自己起名字。我们大多数人的名字都是由我们的父母起的，我们也不认为这是一种强迫。一个具有公司标记的孩子之所以会产生强迫问题，其唯一的原因就是：那样的名字（比如沃尔玛·威尔逊、百事·彼得森或坚宝果汁·琼斯）伴其一生是在贬低其身份。即使这个孩子同意使用这个名字，我们也可以这么说。

并非所有商业主义的情形都是腐蚀性的。有些情形是适宜的，像一直装饰在体育场记分板上甚至外场墙壁上的标识。但是，当企业赞助的玩笑话侵入广播室并出现在每一次投球变化或滑入第二垒之际，情况就不同了。这更像在小说中进行产品植入。如果你最近在收听电台或收看电视上的棒球转播赛，那么你一定知道我说的是什么意思。广播员不停播出的企业赞助口号侵入了比赛，并破坏了对比赛进行详尽报道所具有的那种独创且真实的叙述。

所以，为了确定广告在哪里适宜和在哪里不适宜，无论是从产权方面进行论证，还是从公平方面进行论证，都是不够的。我们还必须就一些社会惯例的意义及它们涉及的物品进行论证。而且我们必须在每种情形中追问这种惯例的商业化是否会使其贬值。

让我们进一步考虑下面的情况：某些广告的情形本身虽说不是腐蚀性的，但却有可能引发整个社会生活的商业化。在此，将其类比于污染是适当的。排放二氧化碳本身没有错，因为我们每一次呼吸都在排放二氧化碳。然而，过度的二氧化碳排放对环境来说却有可能是毁灭性的。与此类似，毫无限制地把广告扩展进小说情节，如果这种做法广为展开，便可能会产生一个由企业赞助和消费主义支配的社会。在这样的社会中，每一件事都是由万事达卡公司或麦当劳"带给你的"。这也是一种贬低。

让我们回想一下那位不想她的苹果被小广告"弄脏"的购物者。严格地讲，她的说法有些夸张。一个小广告并不会弄脏水果（假定小广告没有碰破水果）。苹果或香蕉的味道并没有受到影响。香蕉上贴有香蕉本身的供货商金吉达的小广告已经有很长一段时间，而且几乎没什么人对此抱怨。那么，抱怨那种推广一部电影或一个电视节目的小广告，难道就不奇怪吗？未必奇怪。购物者反对的可能并不是贴在苹果上的这个广告，而是商业广告对日常生活的侵入。广告"弄脏"的并不是苹果，而是我们居住的日益被市场价值观和商业观支配的公共世界。

广告的腐蚀效应在杂货店的廊道里同在公共领域里相比小很多，

因为在公共领域，冠名权和企业赞助正在日益扩散。人们把这种现象称作"市政营销"（municipal marketing），而且它有可能把商业主义带进公民生活的核心地带。在过去20年里，财政上吃紧的城市和各州都在努力通过向广告客户出售对公共海滩、公园、地铁、学校和文化地标的利用来达到收支平衡。

市政营销

市政营销的趋势始于20世纪90年代。由于体育场冠名权交易被证明对棒球大联盟各支球队的老板有利，所以政府官员们也着手寻求企业来赞助市政服务和设施。

海滩救援与独家销售权

1998年夏，到新泽西州锡赛德海茨公共海滩庆祝节日的人们，在视力所及的沙滩上发现了5 000个四季宝牌花生酱罐的压印图案。这是用一种新发明的精巧装置印出来的，它可以把商业广告压印在沙滩上。为了把海滩广告压印在沙滩上，四季宝公司向这个小镇支付了一笔费用。[54]

在加利福尼亚州奥兰治县，所有的海滩救援工作现在都是由雪佛兰汽车公司赞助的。在一项价值250万美元的赞助交易中，通用汽车公司给予县救生员42辆崭新的皮卡车和雪佛兰开拓者牌汽车，上面印着"奥兰治海岸海滩官方海事安全用具"的广告。这项交易也让雪佛兰汽车公司可以自由地去海滩拍摄照片。福特牌游骑兵（Ranger）

汽车是邻近洛杉矶县的官方海滩用车，而救生员穿的则是由速比涛公司赞助的游泳衣。[55]

1999年，可口可乐公司花600万美元成为加利福尼亚州亨廷顿比奇的官方软饮料。根据这项交易，可口可乐公司得到了在该城市海滩、公园和该城市所拥有的建筑物里出售其软饮料、果汁和瓶装水的独家销售权，同时在它的广告里使用亨廷顿比奇的冲浪城市标识。

全美大概有12个城市同软饮料公司达成了类似的交易。在圣迭戈，百事可乐公司在一项价值670万美元的交易中赢得了独家销售权。圣迭戈拥有不少赞助合同，其中包括一份使威瑞森公司（Verizon）成为该城市的"官方无线伙伴"的合同和另一份使一家叫作卡迪亚克科学（Cardiac Science）的公司成为该城市除颤仪的官方提供者的合同。[56]

在纽约市，迈克尔·布隆伯格市长是一位市政营销的强力支持者，他在2003年任命了该城市的首位首席营销官。这位官员的第一项重要举措就是同斯纳普公司（Snapple）签订一项为期5年、价值1.66亿美元的交易。这笔交易赋予这家饮料公司在纽约市的公立学校出售果汁和饮用水的独家权，以及在该城市拥有的6 000幢建筑物里出售茶、饮用水和巧克力饮料的独家权。评论者说，纽约已经被出售，变成了大斯纳普公司（Big Snapple）。市政营销渐渐变成了一个快速成长的行业，1994年的规模只有1 000万美元，而到2002年已经发展到了1.75亿美元。[57]

地铁站和通往自然景观的小径

对某些公共设施来说，冠名权交易来得晚了些。2001 年，马萨诸塞海湾交通局尝试出售 4 个具有历史意义的波士顿地铁站的命名权，但是没有企业对此感兴趣。然而，一些城市却在近期成功地出售了地铁站的命名权。2009 年，纽约大都会交通局以 400 万美元把一项权利出售给了巴克莱银行（Barclays Bank），后者有权把它的名字放在布鲁克林最古老和最繁忙的地铁站之一的车站中，为期 20 年。这家总部位于伦敦的银行之所以想要这项冠名权，是因为该车站所在线路通往一个也以巴克莱银行命名的体育馆。除了出售冠名权，纽约大都会交通局还积极主动地出售了各个地铁站的广告空间，整个地铁都被广告包裹了起来，而且地铁站的圆柱、十字转门和地面都被广告覆盖了。纽约地铁系统的地下广告收入已从 1997 年的 3 800 万美元，增加到了 2008 年的 1.25 亿美元。[58]

2010 年，费城交通局向美国电话电报公司出售了重新命名派特森车站（Pattison station）的权利。这个地铁站曾以一位 19 世纪宾夕法尼亚州州长的名字命名。这家电话公司向费城交通局支付了 340 万美元，还支付给这项交易的广告代理机构 200 万美元。新冠名的美国电话电报公司地铁站是个著名的地方，因为它通往费城各类球队打球的体育场。顺便说一下，这些体育场也都由银行和金融服务公司冠名：公民银行公园（费城棒球队的球场）、威尔斯法戈中心（76 人篮球队和飞人曲棍球队的球场）和林肯金融球场（老鹰橄榄球队的球场）。一位公民顾问委员会的前主席反对出售这个地铁站的冠名权。他说："交通是一项公共服务，而站名则展示了车站与周围街道和邻近地区的某种重要关系。"但是一位交通官员却回应说，交通局需要钱，而出售站名可以"帮助交通局为消费者和纳税人承担费用"。[59]

一些城市和州也一直在为公园、小径和荒野地区寻求企业赞助。2003年，马萨诸塞州立法机关就研究出售该州600个公园、森林和游乐区域之冠名权的可行性进行投票表决。《波士顿环球报》发表社论称，梭罗的瓦尔登湖有可能变成"沃尔玛湖"。马萨诸塞州最终没有实施这项计划，但是最近，很多知名的企业赞助商都已经达成了若干用其品牌冠名美国各地州立公园的交易。[60]

乐斯菲斯（The North Face）是一家高级户外服装制造商，它把它的标识放在了弗吉尼亚州和马里兰州的公园的小路指示牌上。可口可乐公司也在加利福尼亚州立公园展示了它的标识，以赞助一场野火之后的重新造林工程。雀巢果汁公司（Nestlé's Juicy Juice）的商标也出现在了若干纽约州立公园的标示牌上，在这些公园里，这家公司还开设了几个运动场。一家与之竞争的果汁公司沃德华拉公司（Odwalla）为一个植树项目提供了资金，条件是它可以在美国各地的州立公园里展示它的品牌。在洛杉矶，反对者在2010年挫败了一项试图出售城市公园广告的努力。这项促销试图把《瑜伽熊》（Yogi Bear）的电影广告放在公园的建筑物、野餐桌和垃圾桶上。[61]

2011年，有人在佛罗里达州立法机关提出议案，允许出售该州通往自然景观两旁小径的冠名权和商业广告。近年来，佛罗里达州削减了它在修建自行车、徒步旅行和轻舟的路线构成的林荫系统方面的资金，于是一些立法者把广告视作弥补此项预算不足的一种方法。一家叫作政府方案集团（Government Solutions Group）的公司，一直在从事州立公园与企业赞助商之间的经纪活动。这家公司的首席执行官莎丽·博耶（Shari Boyer）指出，州立公园是个理想的广告地点。她解释说，那些到州立公园游玩的人都是收入很高的"优秀消费者"。除此之外，公园还是"一个非常安静的营销环境"，几乎没有什么分散人们注意力的东西。"它是一个接触人的好地方，在那里的人都处于极佳的精神状态中。"[62]

警车和消防栓

在 21 世纪初，许多资金短缺的城市和乡镇都受到了一个好得似乎令人难以置信的要约的诱惑。北卡罗来纳州的一家公司愿意提供全新的、装备齐全的、全都配有闪光灯和后座关押栅栏的警车，而且每年每辆车只需要支付 1 美元。但是，这个要约附有一个小小的条件，即这些警车上面将按照全国运动汽车竞赛协会（NASCAR）的风格贴上广告和商业标识。[63]

一些警察部门和市政府官员认为，贴广告这种事情与支付警车的费用相比只是一个很小的代价，否则每辆警车将耗资约 2.8 万美元。28 个州的 160 多个市政当局签订了这种合同。政府采购商（Government Acquisitions），即提供警车的那家公司，先与感兴趣的城镇签订合同，再在本地和全美范围内把广告空间推销给各家公司。这家公司对广告的格调有很高的要求——不接受烟、酒、手枪或博彩等广告。它在网站上用一张车前盖上印有麦当劳的金色拱门标志的警车照片来说明它的这个理念。这家公司的客户包括胡椒博士公司、全国汽车零件协会汽车部件公司（NAPA Auto Parts）、塔巴斯哥辣酱公司（Tabasco）、美国邮政总局、美国军方、胜牌润滑油公司（Valvoline）。这家公司还计划同银行、有线电视公司、汽车特许经销商、安保公司、广播电台和电视台这些潜在的广告客户打交道。[64]

广告彩饰的警车外观引起了争论。报刊社论作家和一些司法官员基于一些理由反对这种主意。一些人担心警察有可能偏袒警车赞助商。另一些人认为，由麦当劳、唐恩都乐（Dunkin' Donuts）或地方五金店来标识警察部门，会贬低司法的尊严和权威。还有一些人论辩说，这项计划对政府本身和公众资助重要服务事务的意愿产生了恶劣影响。专栏作家小伦纳德·皮茨（Leonard Pitts, Jr.）写道："某些事情对一个社会的有序运行来说具有根本的意义，也就是对它的尊严来说具有实质性的意义，所以传统上它们只能被委托给作为集体的我们为了公共利益而雇用和装备的人。司法乃是那些职业中的一种，或者说，它至少在过去一直如此。"[65]

这种交易的捍卫者承认，让警察去兜售商品的做法是不妥的。但是他们却坚持认为，在财政困难的时候，公众宁愿接受印有广告的警车的服务，也不愿意根本没有警车为他们服务。一位警官说："当看到一辆印有'商业'标记的警车一路开来的时候，人们或许会觉得好笑。但是当那辆警车对紧急情况做出回应的时候，人们却会对警车出现在那里感到很高兴。"奥马哈市的一位市议员说，他一开始并不喜欢这个主意，但是后来却因为这种做法可以节省开支而动摇了。他还打比方说："我们体育场的栅栏和走廊上都有广告，我们的公民会堂也一样。只要警车上的广告做得有格调，那么这种做法就不会有什么问题。"[66]

体育场冠名权和企业赞助的做法被证明是具有道德感染力的，或者说至少是有道德暗示性的。到警车广告产生争议的时候，有关体育场冠名权和企业赞助的那些争论已经使人们有了公共意识，可以就商业做法对公民生活的进一步侵入进行反思。

不过，这家北卡罗来纳州的公司最后没有交付警车。面对公众的反对（包括一场劝阻全美国的广告客户参与此项业务的运动），它只得放弃这个计划，并且自那时起退出了商业圈。但是，在警车上打广告的想法并没有消失。在英国，内政部在 20 世纪 90 年代发布了新规定，允许警察部门从赞助中把它们的年度预算比例提高 1%。此后，商业赞助的警车便开始出现。一位警官说："不久前，这种做法还是被禁止的。而现在，所有的事情都可以搞定了。"1996 年，哈洛德百货公司为伦敦的特警提供了一辆警车，上面刻有该公司的醒目文字："本车由哈洛德百货公司赞助。"[67]

美国最终也出现了警车广告，尽管它不是全国运动汽车竞赛协会的风格。2006 年，在马萨诸塞州的利特尔顿，有关公司为警察部门提供了一辆贴着唐兰超市（Donelan's Supermarkets，一家当地的食品杂货连锁店）的 3 则低调广告的警车。这些广告看上去像是大型的张贴物，贴在汽车后备厢上和后轮挡泥板上。这一宣传的交换条件是，这家超市每年支付给这座城市 1.2 万美元，而这笔钱足以支付租一辆车的费用。[68]

据我所知，此前一直没有人尝试出售消防车上的广告空间。但是在 2010 年，肯德基为了给一道新菜式（"火"烤鸡翅）做促销，同印第安纳波利斯的消防部门达成了一项赞助交易。这项交易包括与印第安纳波利斯消防部门一起拍照，并把肯德基的标识（包括桑德斯上校的肖像）贴在该城市各个娱乐中心的灭火器上。在印第安纳州的另一个城市，肯德基为推销一道类似的新菜式，对消防部门进行赞助，交换的条件是把肯德基的标识贴在消防栓上。[69]

监狱和学校

广告也侵入了对政府当局和公共目的来说最重要的两个机构：监狱和学校。2011年，纽约州布法罗市的伊利县监禁中心开始在高清的电视屏上播放广告，而被告在被捕以后可以看到这些广告。广告商要向这群受众传递什么信息呢？保释人和辩护律师的信息。这些商业广告的价格是每周40美元，为期1年。这些广告与监禁中心发布的关于各项规则和探视时间的信息一起出现在电视屏幕上。这些广告也会出现在等待探访监狱犯人的家人和朋友待的等候室的屏幕上。县政府得到了这项广告收入的1/3，这使得该县的这部分财政收入以8 000美元的幅度增加到了每年1.5万美元。[70]

广告一售而空。提出这项安排的广告公司的负责人安东尼·迪纳（Anthony N. Diina）解释了这项安排为什么具有吸引力："当人们在伊利县监禁中心时，他们需要什么呢？他们想出去。他们不想被证明有罪，所以他们需要保释人和辩护律师。"这种广告与这种受众可以说是一种完美的融合。迪纳告诉《布法罗新闻报》（*The Buffalo News*）说："你想向某些人做宣传的时候，恰恰是他们想做决定的时候。那就是这里的情形。这些人是终极的受制观众（captive audience）。"[71]

美国电视第一频道向另一类不同的受制观众播放了广告信息：数

百万的青少年被要求在美国各地教室里收看这档节目。企业家克里斯·惠特尔（Chris Whittle）在1989年推出了这档商业赞助的12分钟电视新闻节目。惠特尔为学校提供免费的电视接收器、视频设备和卫星通信，交换条件是学校同意每天播放这个节目并要求学生观看这个节目，包括收看其间插入的2分钟商业广告。尽管纽约州在其各所学校里禁播了第一频道，但是大多数州却没有这样做。而且到2000年时，在1.2万所学校里的800万名学生观看了第一频道的这档节目。由于第一频道影响了美国超过40%的青少年，所以它可以向诸如百事可乐、士力架、可丽莹、佳得乐、锐步、塔可钟和美国军方这样的广告商收取高额费用，大约每30秒广告插播收取20万美元（这个价钱与网络电视上的广告费相当）。[72]

美国第一频道的一位高管在1994年举办的一场青年营销会议上解释了这一频道能够取得经济成功的原因："对广告商来说，第一频道的最大卖点便是我们可以迫使孩子们观看2分钟的商业广告。广告商有了这样一群孩子，他们不能去厕所，不能换台，无法听到妈妈在后面的叫喊，不能玩任天堂游戏，也不能戴耳机。"[73]

几年前，惠特尔卖掉了第一频道。现在，他在纽约开办了一所营利性的私人学校。他以前的公司再也没有以前那般强大了。第一频道在21世纪初期达到巅峰以来，它已经失去了1/3的学校和很多重要的广告商，但是它却成功地打破了反对教室广告的禁忌。今天，公立的中小学里到处都充斥着广告、公司赞助、产品植入甚至冠名权。[74]

商业主义在教室里的出现，并非一种全新的现象。早在20世纪20年代，象牙肥皂公司（Ivory Soap）为了举办肥皂雕刻竞赛而向学校捐赠了若干块象牙皂。把公司标识印在记分牌上，以及把广告印在高中年鉴里，长期以来一直是种惯常的做法。但是在20世纪90年代，公司进入学校打广告的情况却有了巨大的发展。公司为老师们提供了大量想在孩子的心目中植入公司形象和公司品牌的免费录像、海报和各种"学习材料"。公司把它们称作"赞助的教育材料"。学生们可以从好时巧克力公司或麦当劳提供的课程材料中学习营养学，或者从埃克森石油公司（Exxon）录制的录像中了解到阿拉斯加溢油的影响。宝洁公司提供了一门解释为何一次性尿布对地球有益的环境课程。[75]

2009年，学者出版社（Scholastic）——全球最大的儿童书出版社——向6.6万名四年级老师免费分发了能源产业方面的课程材料。这门被称作《能源美国》的课程，是由美国煤炭基金会赞助的。这项由实业赞助的课程计划强调了煤炭的益处，但却没有提到采矿事故、有毒废物、温室气体或其他环境影响。在出版业的报告报道了人们针对这门片面课程的广泛批评以后，学者出版社宣布，它将减少出版企业赞助的出版物。[76]

并不是所有企业赞助的免费赠品都能够促进学生的思想发展。一些赠送的材料只是宣传了品牌。在一个广为人知的事例中，金宝汤公司（Campbell Soup Company）赠送了旨在教授科学方法的免费科普材料。这套材料用一把有槽的勺子，向学生们展示了如何证明金宝汤公司的普瑞格实心面调味料比与之竞争的品牌拉谷（Ragú）实心面调味料更浓。通用磨坊食品公司送给教师们一套关于火山喷发的、叫作《火山喷发：地球的奇迹》的科普课程材料。这套材料中还附有免费提供的水果喷出物（Fruit Gushers）糖果样品，当人们咬到这种糖果的中央时，糖汁会"喷涌而出"。教师参考书建议学生咀嚼这种糖果，并把这种效果同火山喷发活动进行比较。一套动物爱心糖果的教材表明的是三年级学生如何能够通过数爱心糖果来练习数学。就写作任务来说，它推荐孩子们让其家庭成员考查他们对爱心糖果的记忆。[77]

广告在学校的涌现，反映了孩子们日益增强的购买力，以及他们对家庭消费所产生的越来越大的影响。1983年，美国一些公司花了1亿美元对孩子们进行广告宣传。2005年，它们则花费了168亿美元来做这件事。由于孩子们一天中的大部分时间都在学校，所以营销商特别积极地在学校对他们施加影响。与此同时，教育经费的不足，也使得公立中小学都很欢迎这些营销商。[78]

2001年，新泽西一所小学成为美国第一家向企业赞助商出售冠名权的公立学校。为了换得一家本地超市的10万美元捐赠，这所学校把它的体育馆重新命名为布鲁克劳恩绍普莱特中心（ShopRite of Brooklawn Center）。其他的冠名权交易也随之而来。最有利可图的是中学橄榄球运动场的冠名权交易，价格从10万美元到100万美元不等。2006年，费城一家新建成的公立中学胃口更大。它公布了一个可交易的冠名权价格表：表演艺术馆100万美元、体育馆75万美元、科学实验室5万美元，而学校本身的冠名权为500万美元。微软公司出价10万美元对这个学校的访问中心进行了冠名。有些冠名机会没有那么贵。马萨诸塞州纽伯里波特的一所高中宣布校长办公室的冠名权为1万美元。[79]

很多学校的校区都在为每一个能够想到的空间努力寻找广告赞助。2011年，科罗拉多州一个学校的校区出售了成绩单上的广告空间。早在几年前，一所佛罗里达州的小学就发布了带有护封的成绩单，而这些护封上印有麦当劳的宣传广告，包括一幅罗纳德·麦当劳的漫画和金色拱门标识。这个广告实际上是"成绩单激励"计划的一部分，它向成绩全A和全B的孩子或者缺课少于3次的孩子提供在麦当劳享用免费愉快一餐的奖励。这项促销计划由于遭到了当地人的反对，最后被取消了。[80]

到2011年，美国已经有7个州批准了在校车两侧打广告的做法。校车广告始于20世纪90年代的科罗拉多州，这个州的学校也是率先接受校内广告的学校之一。在科罗拉多斯普林斯，山峰牌（Mountain Dew）威士忌酒的广告装饰了学校的门庭，汉堡王的广告则贴在校车的两侧。前不久，明尼苏达州、宾夕法尼亚州及其他地方的学校，也开始允许广告商把"超大图形"广告印在墙壁和地面上、储物柜外面、衣帽间的长椅上，以及自助餐厅的餐桌上。[81]

学校猖獗的商业化在两个方面是有腐蚀性的。第一，大多数企业赞助的课程材料充斥着偏见、扭曲和肤浅的观点。美国消费者联盟（Consumers Union）所做的一项研究发现，近80%的赞助的教育材料都倾向于赞助商的产品或观点，这并不奇怪。但是，即使企业赞助商提供的是质量上无瑕疵的客观的教学工具，商业广告在教室里的出现依然是有害的，因为它与学校的办学宗旨相悖。广告鼓励人们追求得到东西的欲望，并鼓励人们去满足自己的欲望。教育则鼓励人们对自己的欲望进行批判性反思，即限制人们的欲望或提升人们的欲望。

广告的目的是召集消费者，而公立学校的目的则是培养公民。[82]

当学生童年的大部分教育都是由那些为了适应消费社会而进行的基本培训构成的时候，要把他们培养成能够对他们周围的世界进行批判性思考的公民，实在不是一件容易的事情。今天，很多孩子都要到充斥着商家标识、标签和许可装饰的广告牌的学校去上学，因此在这样一个时代里，学校想同那种沉迷于消费主义风尚中的流行文化保持某种距离就更难了，当然也就更为重要了。

但是广告憎恶距离，它要模糊不同地方的界限，并把每一种环境都变成待价而沽的地方。一本向校园广告商宣传某一市场营销会议的小册子宣称："去学校门口发现你自己的收入之源！不管学校的一年级学生是否学会了阅读，也不管十几岁的青少年是否会购买第一辆汽车，我们都可以向你们保证，我们有能力把你们的产品和公司介绍给这些深陷传统教室环境的学生！"[83]

当市场营销商涌向学校门口的时候，那些因为经济衰退、财产税上限、预算削减和上学人数日益增多而不知所措并急需现金的学校感到别无选择，只能让它们进来。但是，与其说错在学校，倒不如说错在公民。我们不是去增加我们需要用来教育我们的孩子的公共资金，反而选择了把孩子的时间卖给汉堡王和山峰牌威士忌酒，并把他们的头脑也出租给汉堡王和山峰牌威士忌酒。

在买卖之外，还有什么价值

商业主义并不会毁掉它触及的所有东西。一个印有肯德基标识的消防栓仍然能够喷水浇灭火焰。一列被好莱坞电影广告包裹的地铁依然能够把你及时送回家吃晚饭。孩子们通过数爱心糖果也可以学好算术。球迷们在美国银行体育场、美国电话电报公司公园和林肯金融球场仍能够为他们的主队喝彩加油，即使他们当中几乎没有人叫得出那些把这些地方称作主场的球队的名字。

然而，把物品印上公司标识会改变这些物品的意义。市场会留下它们的印迹。产品植入会毁坏书的完整性，并破坏作者与读者之间的关系。文身广告不仅会贬低那些收钱把它们文在身上的人的身份，而且会使他们物质化。教室里的商业广告也会破坏学校旨在实现的教育目的。

我承认，这些判断是有争议的。人们对书、身体和学校的意义，以及它们应当被如何评价等问题存有不同的意见。事实上，人们对那些适用于现在被市场侵入的诸多领域的规范也存有不同的意见，这些领域包括家庭生活、友谊、性、生育、健康、教育、自然、艺术、公民身份、比赛，以及我们对待死亡的方式。但是，我的观点是：一旦我们意识到市场和商业改变了它们触及的物品的性质，我们就必须追问市场属于何处、不属于何处。而如果我们不对物品的意义和目的，以及那些应当调整它们的价值观进行审慎思考，我们就无法回答上述问题。

这种审慎思考不可避免地会涉及各种不尽相同且彼此冲突的善生活观念。这是一个我们有时候会害怕踏进的领域。由于我们害怕产生分歧，所以我们不愿意把我们的道德信念和精神信念带进公共领域。但是，从这些问题中退缩，并不会使它们处于免受裁决的状况。这只意味着，市场会替我们来决定它们何去何从。这是我们在过去30年中的教训。市场必胜论的时代是同公共话语严重缺失道德实质和精神实质的时代重合在一起的。我们使市场安守本分的唯一希望，就是对我们所珍视的物品和社会惯例的意义展开公共商讨。

除了对某种物品的意义进行辩论，我们还需要追问一个更大的问题：我们希望在其间生活的那种社会究竟具有何种性质？当冠名权和市政营销占据公共世界的时候，它们减损了这个世界的公共性质。商业主义除了会侵损特定物品，还会侵蚀公共性。金钱能够买的东西越多，不同行业的人相聚一处的场合就越少。当我们去看一场棒球比赛并（视情况而定）朝豪华包厢上看或者在它们里面向下看时，我们就会明白这一点。棒球场曾经有的那种大家不分阶层一起看球的体验消失了，而这不仅是一般看台上的观众的损失，也是豪华包厢中有钱阶层的损失。

某种类似的情形也一直在我们的整个社会中发生。在一个越来越不平等的时代，所有东西的市场化便意味着富有者与一般收入者正过着日益分离的生活。我们在不同的地方生活、工作、购物和玩耍，我们的孩子到不同的学校上学。你或许可以把这称作美国生活的"包厢化"。生活包厢化不仅对民主不好，也不是一种令人满意的生活方式。

民主并不要求完全的平等，但是它确实要求公民们能够分享公共生活。重要的是：具有不同背景和社会地位的人可以在日常生活中相遇、碰面，因为这是我们学会商议并容忍我们彼此差异的方式，也是我们一起关怀共同善的方式。

因此，实际上，市场问题最终成了一个有关我们想如何生活在一起的问题。我们想要在一个所有东西都待价而沽的社会里生活吗？或者说，是否存在着某些金钱不能买及市场无法兑现其价值的道德物品和公民物品？

致谢

写作本书的缘起，非常久远。早在读大学期间，我就一直对经济学的规范性意义备感兴趣。1980年，我开始在哈佛大学执教。此后不久，我就为本科生和研究生开设了有关市场与道德关系的一些课程，并由此来探究这个问题。多年来，我一直在哈佛法学院教授伦理学、经济学和法学的课程，这个研讨班的授课对象是法学专业学生，以及政治理论、哲学、经济学、历史学等专业的博士研究生。这个研讨班课程涉及本书的大部分主题，我也因此从许多参加这一课程讨论的优秀学生那里获益良多。

我还有幸与哈佛大学的同事就一些与本书相关的主题开设过合作课程。2005年春，我与劳伦斯·萨默斯合作开设了一门本科课程：《全球化及其批评者》。这门课程最终引发了一系列热烈的争论：当自由市场学说被适应于全球化的时候，它在道德、政治、经济等方面的是非功过有哪些。我的朋友托马斯·弗里德曼参加了一些讨论，而且通常都赞同劳伦斯的观点。为此我要感谢他们两位。当然我还要感谢戴维·格雷瓦尔（David Grewal），他当时还是一名政治理论专业的研究生，现在已经成为耶鲁法学院的一颗学术新星。那时候，他教了我许多经济思想史方面的知识，并帮助我准备同劳伦斯和托马斯进行思想交锋。2008年春，我同阿马蒂亚·森（Amartya Sen）和从天主教鲁汶大学到哈佛大学访学的哲学家菲利普·范帕里基斯（Philippe van Parijs）一道，开设了《伦理学、经济学和市场》这门研究生课程。尽管我们对政治的看法大体相似，然而我们对市场的看法却存在巨大分歧，因而与他们的讨论也使我受益匪浅。虽然我没有同理查德·塔克一起讲过课，但是长年以来我们就经济学与政治理论展开过许多讨论，而这些讨论一直在丰富和提升我的思想。

我为本科生开设的关于公正的课程，也为我提供了探索本书主题的机会。我数次邀请在哈佛大学教授经济学导论课程的格里高利·曼昆同我们一起讨论市场逻辑与道德逻辑的问题。我非常感谢曼昆，因为他让学生和我清晰地看到了经济学家和政治哲学家在思考社会、经济和政治问题时采用的不同方式。我的朋友理查德·波斯纳是将经济逻辑用于法学的先驱者之一，他也多次参加我的公正课程，讨论市场的道德限度问题。几年前，理查德邀请我参加过一次讨论课。那是他和加里·贝克尔一起在芝加哥大学常设的一门关于理性选择的研讨班课程。那门研讨班课程为人们用经济学路径去解释一切问题的努力奠定了基础。对我而言，那是一个验证我的论点的极为难得的机会，因为那些听众对市场思维的信奉（市场思维是理解人类行为的关键）比我对这一点的信奉强大得多。

1998年，我在牛津大学布雷齐诺斯学院做的题为"人的价值观”的丹纳讲座中，首次阐述了本书论点的雏形。纽约卡内基基金会的《卡内基学者资助计划（2000—2002）》为本项目的早期研究提供了必不可少的支持。我要对瓦尔坦·格雷戈里安（Vartan Gregorian）、帕特里夏·罗森菲尔德（Patricia Rosenfield）和希瑟·麦凯（Heather McKay）的耐心、友善和坚定支持表示衷心的感谢。我还要感谢哈佛法学院的暑期教师工作坊，它使我能够在一群睿智的同事当中检验本项目的部分内容。2009 年，英国广播公司（BBC）电台 4 台邀请我去担任瑞思讲座的演讲嘉宾。这对我来说是一项挑战，因为它要求我把自己关于市场的道德限度的论点变成可以被普通听众接受的表述。这个系列讲座的总题目是“新公民”，但是 4 场讲座中有 2 场是关注市场与道德问题的。我要感谢马克·汤普森、马克·达马泽、莫希特·巴卡亚、格威妮丝·威廉斯、休·劳利、休·埃利斯和吉姆·弗兰克，是他们让我在极其愉快的氛围中完成了这次讲座。

本书是我在法勒、斯特劳斯和吉鲁出版社（FARRAR, STRAUS AND GIROUX）出版的第二本书。我要再次感谢乔纳森·加拉西和他优秀的团队，他们是埃里克·钦斯基、杰夫·谢罗伊、凯蒂·弗里曼、瑞安·查普曼、德布拉·赫尔方、卡伦·梅因、辛西娅·默尔曼，特别是技术一流的编辑保罗·伊利。当市场压力给出版业笼罩上厚厚的阴影时，法勒、斯特劳斯和吉鲁出版社的出版人将出版图书视为一项事业，而非一种商业活动。持这种态度的还有我的文稿代理人埃斯特·纽伯格。我要感谢他们所有人。

最后，我要把我最真挚的谢意献给我的家人。无论是在餐桌上，还是在家庭旅行中，面对我向他们提出的任何有关市场的新伦理困境，我的两个儿子亚当和艾伦总是能够给出具有成熟道德考虑的敏锐回答。而每当这种时候，我们又总会期待我的爱人琦库告诉我们谁对谁错。我愿带着我无尽的爱意，将此书献给她。

注释

译者：马俊杰

引言　市场与道德

1. Jennifer Steinhauer, "For $82 a Day, Booking a Cell in a 5-Star Jail," *New York Times*, April 29, 2007.

2. Daniel Machalaba, "Paying for VIP Treatment in a Traffic Jam: More Cities Give Drivers Access to Express Lanes—for a Fee," *Wall Street Journal*, June 21, 2007.

3. Sam Dolnick, "World Outsources Pregnancies to India," *USA Today*, December 31, 2007; Amelia Gentleman, "India Nurtures Business of Surrogate Motherhood," *New York Times*, March 10, 2008.

4. Eliot Brown, "Help Fund a Project, and Get a Green Card," *Wall Street Journal*, February 2, 2011; Sumathi Reddy, "Program Gives Investors Chance at Visa," *Wall Street Journal*, June 7, 2011.

5. Brendan Borrell, "Saving the Rhino Through Sacrifice," *Bloomberg Businessweek*, December 9, 2010.

6. Tom Murphy, "Patients Paying for Extra Time with Doctor: 'Concierge' Practices, Growing in Popularity, Raise Access Concerns," *Washington Post*, January 24, 2010; Paul Sullivan, "Putting Your Doctor, or a Whole Team of Them, on Retainer," *New York Times*, April 30, 2011.

7. 以欧元为单位的当前价格详见：www.pointcarbon.com。

8. Daniel Golden, "At Many Colleges, the Rich Kids Get Affirmative Action: Seeking Donors, Duke Courts 'Development Admits,'" *Wall Street Journal*, February 20, 2003.

9. Andrew Adam Newman, "The Body as Billboard: Your Ad Here," *New York Times*, February 18, 2009.

10. Carl Elliott, "Guinea-Pigging," *New Yorker*, January 7, 2008.

11. Matthew Quirk, "Private Military Contractors: A Buyer's Guide," *Atlantic*, September 2004, p. 39, quoting P. W. Singer; Mark Hemingway, "Warriors for Hire, *Weekly Standard,* December 18, 2006; Jeffrey Gettleman, Mark Massetti, and Eric Schmitt, "U.S. Relies on Contractors in Somalia Conflict," *New York Times*, August 10, 2011.

12. Sarah O'Connor, "Packed Agenda Proves Boon for Army Standing in Line," *Financial Times*, October 13, 2009; Lisa Lerer, "Waiting for Good Dough," *Politico*, July 26, 2007; Tara Palmeri, "Homeless Stand in for Lobbyists on Capitol Hill," CNN, http://edition. cnn.com/2009/POLITICS/07/13/line.standers/.

13. Amanda Ripley, "Is Cash the Answer?" *Time*, April 19, 2010, pp. 44–45.

14. 在一项减肥研究中，16 周减掉 14 磅的参与者平均获得 378.49 美元的奖励。参见 Kevin G. Volpp, "Paying People to Lose Weight and Stop Smoking," *Issue Brief*, Leonard Davis Institute of Health Economics, University of Pennsylvania, vol. 14, February 2009; K. G. Volpp et al., "Financial Incentive-Based Approaches for Weight Loss," *JAMA* 300 (December 10, 2008): 2631–37。

15. Sophia Grene, "Securitising Life Policies Has Dangers," *Financial Times*, August 2, 2010; Mark Maremont and Leslie Scism, "Odds Skew Against Investors in Bets on Strangers' Lives," *Wall Street Journal*, December 21, 2010.

16. T. Christian Miller, "Contractors Outnumber Troops in Iraq," *Los Angeles Times*, July 4, 2007; James Glanz, "Contractors Outnumber U.S. Troops in Afghanistan," *New York Times*, September 2, 2009.

17. "Policing for Profit: Welcome to the New World of Private Security," *Economist*, April 19, 1997.

18. 我在这里要感谢伊丽莎白·安德森（Elizabeth Anderson）在《道德与经济学的价值》[*Value in Ethics and Economics* (Cambridge, MA: Harvard University Press, 1993)] 中富有洞见的描述。

19. Edmund L. Andrews, "Greenspan Concedes Error on Regulation," *New York Times*, October 24, 2008.

20. "What Went Wrong with Economics," *The Economist*, July 16, 2009.

21. Frank Newport, "Americans Blame Government More Than Wall Street for Economy," Gallup Poll, October 19, 2011, www.gallup.com/poll/150191/Americans-Blame-Gov-Wall-Street-Economy.aspx.

22. William Douglas, "Occupy Wall Street Shares Roots with Tea Party Protesters—but

Different Goals," *Miami Herald*, October 19, 2011; David S. Meyer, "What Occupy Wall Street Learned from the Tea Party," *Washington Post*, October 7, 2011; Dunstan Prial, "Occupy Wall Street, Tea Party Movements Both Born of Bank Bailouts," Fox Business, October 20, 2011, www.foxbusiness.com/markets/2011/10/19/occupy-wall-street-tea-party-born-bank-bailouts/.

第 1 章　插队特权

1 . Christopher Caldwell, "First-Class Privilege," *New York Times Magazine*, May 11, 2008, pp. 9–10.

2. 有关美国联合航空公司快速通道的描述详见 https://store.united.com/traveloptions/control/category?category_id=UM_PMRLINE&navSource=Travel+Options+Main+Menu&linkTitle=UM_PMRLINE; David Millward, "Luton Airport Charges to Jump Security Queue," *Telegraph*, March 26, 2009, www.london-luton.co.uk/en/prioritylane。

3. Caldwell, "First-Class Privilege."

4. Ramin Setoodeh, "Step Right Up! Amusement-Park Visitors Pay Premium to Avoid Long Lines," *Wall Street Journal*, July 12, 2004, p. B1; Chris Mohney, "Changing Lines: Paying to Skip the Queues at Theme Parks," *Slate*, July 3, 2002; Steve Rushin, "The Waiting Game," *Time*, September 10, 2007, p. 88; Harry Wallop, "£350 to Queue Jump at a Theme Park," *Telegraph*, February 13, 2011. Quote is from Mohney, "Changing Lines."

5. Setoodeh, "Step Right Up!"; Mohney, "Changing Lines"; www.universalstudios-hollywood.com/ticket_front_of_line.html.

6. www.esbnyc.com/observatory_visitors_tips.asp; https://ticketing.esbnyc.com/Webstore/Content.aspx?Kind=LandingPage.

7. www.hbo.com/curb-your-enthusiasm/episodes/index.html#1/curb-your-enthusiasm/episodes/4/36-the-car-pool-lane/synopsis.html.

8. Timothy Egan, "Paying on the Highway to Get Out of First Gear," *New York Times*, April 28, 2005, p. A1; Larry Copeland, "Solo in the Car-pool Lane?" *USA Today*, May 9, 2005, p. 3A; Daniel Machalaba, "Paying for VIP Treatment in a Traffic Jam," *Wall Street Journal*, June 21, 2007, p. 1; Larry Lane, "'HOT' Lanes Wide Open to Solo Drivers—For a Price," *Seattle Post-Intelligencer*, April 3, 2008, p. A1; Michael Cabanatuan, "Bay Area's First Express Lane to Open on I-680," *San Francisco Chronicle*, September 13, 2010.

9. Joe Dziemianowicz, "Shakedown in the Park: Putting a Price on Free Shakespeare Tickets Sparks an Ugly Drama," *Daily News*, June 9, 2010, p. 39.

10. 同上；Glenn Blain, "Attorney General Andrew Cuomo Cracks Down on Scalping of Shakespeare in the Park Tickets," *Daily News*, June 11, 2010; "Still Acting Like Attorney General, Cuomo Goes After Shakespeare Scalpers," *Wall Street Journal*, June 11, 2010。

11. Brian Montopoli, "The Queue Crew," *Legal Affairs*, January/February 2004; Libby Copeland, "The Line Starts Here," *Washington Post*, March 2, 2005; Lisa Lerer, "Waiting for Good Dough," *Politico*, July 26, 2007; Tara Palmeri, "Homeless Stand in for Lobbyists on Capitol Hill," CNN, http://edition.cnn.com/2009/POLITICS/07/13/line.standers/.

12. Sam Hananel, "Lawmaker Wants to Ban Hill Line Standers," *Washington Post*, October 17, 2007; Mike Mills, "It Pays to Wait: On the Hill, Entrepreneurs Take Profitable Queue from Lobbyists," *Washington Post*, May 24, 1995; "Hustling Congress," *Washington Post*, May 29, 1995. Senator McCaskill quoted in Sarah O'Connor, "Packed Agenda Proves Boon for Army Standing in Line," *Financial Times*, October 13, 2009.

13. Robyn Hagan Cain, "Need a Seat at Supreme Court Oral Arguments? Hire a Line Stander," FindLaw, September 2, 2011, http://blogs.findlaw.com/supreme_court/2011/09/need-a-seat-at-supreme-court-oral-arguments-hire-a-line-stander.html; www.qmsdc.com/linestanding.html.

14. www.linestanding.com/. Statement by Mark Gross at http://qmsdc.com/Response%20to%20S-2177.htm.

15. 戈梅斯的话详见："Homeless Stand in for Lobbyists on Capitol Hill"。

16. 同上。

17. David Pierson, "In China, Shift to Privatized Healthcare Brings Long Lines and Frustration," *Los Angeles Times*, February 11, 2010; Evan Osnos, "In China, Health Care Is Scalpers, Lines, Debt," *Chicago Tribune*, September 28, 2005; "China Focus: Private Hospitals Shoulder Hopes of Revamping China's Ailing Medical System," Xinhua News Agency, March 11, 2010, www.istockanalyst.com/article/viewiStockNews/articleid/3938009.

18. Yang Wanli, "Scalpers Sell Appointments for 3,000 Yuan," *China Daily*, December 24, 2009, www.chinadaily.com.cn/bizchina/2009-12/24/content_9224785.htm; Pierson, "In China, Shift to Privatized Healthcare Brings Long Lines and Frustration."

19. Osnos, "In China, Health Care Is Scalpers, Lines, Debt."

20. Murphy, "Patients Paying for Extra Time with Doctor"; Abigail Zuger, "For a Retainer, Lavish Care by 'Boutique Doctors,'" *New York Times*, October 30, 2005.

21. Paul Sullivan, "Putting Your Doctor, or a Whole Team of Them, on Retainer," *New York*

Times, April 30, 2011, p. 6; Kevin Sack, "Despite Recession, Personalized Health Care Remains in Demand," *New York Times*, May 11, 2009.

22. Sack, "Despite Recession, Personalized Health Care Remains in Demand."

23. www.md2.com/md2-vip-medical.php.

24. www.md2.com/md2-vip-medical.php?qsx=21.

25. Samantha Marshall, "Concierge Medicine," *Town & Country*, January 2011.

26. Sullivan, "Putting Your Doctor, or a Whole Team of Them, on Retainer"; Drew Lindsay, "I Want to Talk to My Doctor," *Washingtonian*, February 2010, pp. 27–33.

27. Zuger, "For a Retainer, Lavish Care by 'Boutique Doctors.'"

28. Lindsay, "I Want to Talk to My Doctor"; Murphy, "Patients Paying for Extra Time with Doctor"; Zuger, "For a Retainer, Lavish Care by 'Boutique Doctors'"; Sack, "Despite Recession, Personalized Health Care Remains in Demand."

29. 最近一项研究发现，在马萨诸塞州，大多数家庭医生和内科医生不再接收新病人。参见Robert Pear, "U.S. Plans Stealth Survey on Access to Doctors," *New York Times*, June 26, 2011。

30. N. Gregory Mankiw, *Principles of Microeconomics*, 5th ed. (Mason, OH: South-Western Cengage Learning, 2009), pp. 147, 149, 151.

31. N. Gregory Mankiw, *Principles of Microeconomics*, 1st ed. (Mason, OH: South-Western Cengage Learning, 1998), p. 148.

32. Blain, "Attorney General Cuomo Cracks Down on Scalping of Shakespeare in the Park Tickets."

33. Richard H. Thaler, an economist, quoted in John Tierney, "Tickets? Supply Meets Demand on Sidewalk," *New York Times*, December 26, 1992.

34. Marjie Lundstrom, "Scalpers Flipping Yosemite Reservations," *Sacramento Bee*, April 18, 2011.

35. "Scalpers Strike Yosemite Park: Is Nothing Sacred?" editorial, *Sacramento Bee*, April 19, 2011.

36. Suzanne Sataline, "In First U.S. Visit, Pope Benedict Has Mass Appeal: Catholic Church Tries to Deter Ticket Scalping," *Wall Street Journal*, April 16, 2008.

37. John Seabrook, "The Price of the Ticket," *New Yorker*, August 10, 2009. 400万美元数据源自 Marie Connolly and Alan B. Kreuger, "Rockonomics: The Economics of Popular Music," March 2005, working paper, www.krueger.princeton.edu/working_papers.html。

38. Seabrook, "The Price of the Ticket."

39. Andrew Bibby, "Big Spenders Jump the Queue," *Mail on Sunday* (London),

March 13, 2006; Steve Huettel, "Delta Thinks of Charging More for American Voice on the Phone," *St. Petersburg Times*, July 28, 2004; Gersh Kuntzman, "Delta Nixes Special Fee for Tickets," *New York Post*, July 29, 2004.

第 2 章　激励措施

1. Michelle Cottle, "Say Yes to CRACK," *New Republic*, August 23, 1999; William Lee Adams, "Why Drug Addicts Are Getting Sterilized for Cash," *Time*, April 17, 2010. 截至 2011 年 8 月，接收"预防项目"资金的实施节育措施和长时间控制生育的吸毒者和酗酒者（包括女性和男性）有 3 848 人。详见：http://projectprevention.org/statistics。

2. Pam Belluck, "Cash for Sterilization Plan Draws Addicts and Critics," *New York Times*, July 24, 1999; Adams, "Why Drug Addicts Are Getting Sterilized for Cash"; Cottle, "Say Yes to CRACK."

3. Adams, "Why Drug Addicts Are Getting Sterilized for Cash"; Jon Swaine, "Drug Addict Sterilized for Cash," *Telegraph*, October 19, 2010; Jane Beresford, "Should Drug Addicts Be Paid to Get Sterilized?" *BBC News Magazine*, February 8, 2010, http://news.bbc.co.uk/2/hi/uk_news/magazine/8500285.stm.

4. Deborah Orr, "Project Prevention Puts the Price of a Vasectomy—and for Forfeiting a Future—at £200," *Guardian*, October 21, 2010; Andrew M. Brown, "Paying Drug Addicts to be Sterilised Is Utterly Wrong," *Telegraph*, October 19, 2010; Michael Seamark, "The American Woman Who Wants to 'Bribe' UK Heroin Users with £200 to Have Vasectomies," *Daily Mail*, October 22, 2010; Anso Thom, "HIV Sterilisation Shock: Health Ministry Slams Contraception Idea," *Daily News* (South Africa), April 13, 2011; "Outrage over 'Cash for Contraception' Offer to HIV Positive Women," *Africa News*, May 12, 2011.

5. Adams, "Why Drug Addicts Are Getting Sterilized for Cash."

6. Gary S. Becker, *The Economic Approach to Human Behavior* (Chicago: University of Chicago Press, 1976), pp. 3–4.

7. 同上，第 5—8 页。

8. 同上，第 7—8 页。

9. 同上，第 10 页。

10. 同上，第 12—13 页。

11. Amanda Ripley, "Should Kids Be Bribed to Do Well in School?" *Time*, April 19, 2010.

12. 弗赖尔的研究结论同上。相关完整结果详见：Roland G. Fryer, Jr., "Financial Incen-

tives and Student Achievement: Evidence from Randomized Trials," *Quarterly Journal of Economics* 126 (November 2011): 1755–98, www.economics.harvard.edu/faculty/fryer/papers_fryer。

13. Fryer, "Financial Incentives and Student Achievement"; Jennifer Medina, "Next Question: Can Students Be Paid to Excel?" *New York Times*, March 5, 2008.

14. Fryer, "Financial Incentives and Student Achievement"; Bill Turque, "D.C. Students Respond to Cash Awards, Harvard Study Shows," *Washington Post*, April 10, 2010.

15. Fryer, "Financial Incentives and Student Achievement."

16. 同上。

17. 同上。

18. Michael S. Holstead, Terry E. Spradlin, Margaret E. McGillivray, and Nathan Burroughs, "The Impact of Advanced Placement Incentive Programs," Indiana University, Center for Evaluation & Education Policy, Education Policy Brief, vol. 8, Winter 2010; Scott J. Cech, "Tying Cash Awards to AP-Exam Scores Seen as Paying Off," *Education Week, January* 16, 2008; C. Kirabo Jackson, "A Little Now for a Lot Later: A Look at a Texas Advanced Placement Incentive Program," *Journal of Human Resources* 45 (2010), http://works.bepress.com/c_kirabo_jackson/1/.

19. "Should the Best Teachers Get More Than an Apple?" *Governing Magazine*, August 2009; National Incentive-Pay Initiatives, National Center on Performance Incentives, Vanderbilt University, www.performanceincentives.org/news/detail.aspx?pageaction=ViewSinglePublic&LinkID=46&ModuleID=28&NEWSPID=1; Matthew G. Springer et al., "Teacher Pay for Performance," National Center on Performance Incentives, September 21, 2010, www.performanceincentives.org/news/detail.aspx?pageaction=ViewSinglePublic&LinkID=561&ModuleID=48&NEWSPID=1; Nick Anderson, "Study Undercuts Teacher Bonuses," *Washington Post*, September 22, 2010.

20. Sam Dillon, "Incentives for Advanced Work Let Pupils and Teachers Cash In," *New York Times*, October 3, 2011.

21. Jackson, "A Little Now for a Lot Later."

22. 同上。

23. Pam Belluck, "For Forgetful, Cash Helps the Medicine Go Down," *New York Times*, June 13, 2010.

24. 同上。Theresa Marteau, Richard Ashcroft, and Adam Oliver, "Using Financial Incentives to Achieve Healthy Behavior," *British Medical Journal* 338 (April 25, 2009): 983–85; Libby Brooks, "A Nudge Too Far," *Guardian*, October 15, 2009; Michelle Roberts,

"Psychiatric Jabs for Cash Tested," BBC News, October 6, 2010; Daniel Martin, "HMV Voucher Bribe for Teenage Girls to Have Cervical Jabs," *Daily Mail* (London), October 26, 2010.

25. Jordan Lite, "Money over Matter: Can Cash Incentives Keep People Healthy?" *Scientific American*, March 21, 2011; Kevin G. Volpp et al., "A Randomized, Controlled Trial of Financial Incentives for Smoking Cessation," *New Englad Journal of Medicine* 360 (February 12, 2009); Brendan Borrell, "The Fairness of Health Insurance Incentives," *Los Angeles Times*, January 3, 2011; Robert Langreth, "Healthy Bribes," *Forbes*, August 24, 2009; Julian Mincer, "Get Healthy or Else . . . ," *Wall Street Journal*, May 16, 2010.

26. www.nbc.com/the-biggst-loser.

27. K. G. Volpp et al., "Financial Incentive-Based Approaches for Weight Loss," *JAMA* 300 (December 10, 2008): 2631–37; Liz Hollis, "A Pound for a Pound," *Prospect*, August 2010.

28. Victoria Fletcher, "Disgust over NHS Bribes to Lose Weight and Cut Smoking," *Express* (London), September 27, 2010; Sarah-Kate Templeton, "Anger Over NHS Plan to Give Addicts iPods," *Sunday Times* (London), July 22, 2007; Tom Sutcliffe, "Should I Be Bribed to Stay Healthy?" *Independent* (London), September 28, 2010; "MP Raps NHS Diet-for-Cash Scheme," BBC News, January 15, 2009; Miriam Stoppard, "Why We Should Never Pay for People to Be Healthy!" *Mirror* (London), October 11, 2010.

29. Harald Schmidt, Kristin Voigt, and Daniel Wikler, "Carrots, Sticks, and Health Care Reform—Problems with Wellness Incentives," *New Englad Journal of Medicine* 362 (January 14, 2010); Harald Schmidt, "Wellness Incentives Are Key but May Unfairly Shift Healthcare Costs to Employees," *Los Angeles Times*, January 3, 2011; Julie Kosterlitz, "Better Get Fit—Or Else!" *National Journal*, September 26, 2009; Rebecca Vesely, "Wellness Incentives Under Fire," *Modern Healthcare*, November 16, 2009.

30. 有关贿赂的反对意见和其他反对意见的关系，详见：Richard E. Ashcroft, "Personal Financial Incentives in Health Promotion: Where Do They Fit in an Ethic of Autonomy?" *Health Expectations* 14 (June 2011): 191–200。

31. V. Paul-Ebhohimhen and A. Avenell, "Systematic Review of the Use of Financial Incentives in Treatments for Obesity and Overweight," *Obesity Reviews* 9 (July 2008): 355–67; Lite, "Money over Matter"; Volpp, "A Randomized, Controlled Trial of Financial Incentives for Smoking Cessation"; Marteau, "Using Financial Incentives to Achieve Healthy Behaviour."

32. Gary S. Becker, "Why Not Let Immigrants Pay for Speedy Entry," in Gary S. Becker and Guity Nashat Becker, eds., The Economics of Life (New York: McGraw Hill, 1997), pp. 58–60, originally appeared in BusinessWeek, March 2, 1987; Gary S. Becker, "Sell the Right to Immigrate," Becker-Posner Blog, February 21, 2005, www.becker-posner-blog.com/2005/02/sell-the-right-to-immigrate-becker.html.

33. Julian L. Simon, "Auction the Right to Be an Immigrant," New York Times, January 28, 1986.

34. Sumathi Reddy and Joseph de Avila, "Program Gives Investors Chance at Visa," Wall Street Journal, June 7, 2011; Eliot Brown, "Help Fund a Project, and Get a Green Card," Wall Street Journal, February 2, 2011; Nick Timiraos, "Foreigners' Sweetener: Buy House, Get a Visa," Wall Street Journal, October 20, 2011.

35. Becker, "Sell the Right to Immigrate."

36. Peter H. Schuck, "Share the Refugees," New York Times, August 13, 1994; Peter H. Schuck, "Refugee Burden-Sharing: A Modest Proposal," Yale Journal of International Law 22 (1997): 243–97.

37. Uri Gneezy and Aldo Rustichini, "A Fine Is a Price," Journal of Legal Studies 29 (January 2000): 1–17.

38. Peter Ford, "Egalitarian Finland Most Competitive, Too," Christian Science Monitor, October 26, 2005; "Finn's Speed Fine Is a Bit Rich," BBC News, February 10, 2004, http://news.bbc.co.uk/2/hi/business/3472785.stm; "Nokia Boss Gets Record Speeding Fine," BBC News, January 14, 2002, http://news.bbc.co.uk/2/hi/europe/1759791.stm.

39. Sandra Chereb, "Pedal-to-Metal Will Fill Nevada Budget Woes?" Associated Press State & Local Wire, September 4, 2010; Rex Roy, "Pay to Speed in Nevada," AOL original, October 2, 2010, http://autos.aol.com/article/pay-to-speed-nevada/.

40. Henry Chu, "Paris Metro's Cheaters Say Solidarity Is the Ticket," Los Angeles Times, June 22, 2010.

41. Kenneth E. Boulding, The Meaning of the Twentieth Century (New York: Harper, 1964), pp. 135–36.

42. David de la Croix and Axel Gosseries, "Procreation, Migration and Tradable Quotas," CORE Discussion Paper No. 2006/98, November 2006, available at SSRN, http://ssrn.com/abstract=970294.

43. Michael J. Sandel, "It's Immoral to Buy the Right to Pollute," New York Times, December 15, 1997.

44. 给报社编辑的信参见 Sanford E. Gaines, Michael Leifman, Eric S. Maskin, Steven Shavell,

Robert N. Stavins, "Emissions Trading Will Lead to Less Pollution," *New York Times*, December 17, 1997。多封信件和文章原文重印在 Robert N. Stavins, ed., *Economics of the Environment: Selected Readings*, 5th ed. (New York: Norton, 2005), pp. 355–58。还可参见 Mark Sagoff, "Controlling Global Climate: The Debate over Pollution Trading," *Report from the Institute for Philosophy & Public Policy* 19, no. 1 (Winter 1999)。

45. 我要自我辩护几句。原文实际上并未宣称减少二氧化碳排放本身会引起人们的反对，尽管很具有挑衅性的标题——"购买污染的权利是不道德的"（这是编辑选的，不是我选的）——可能会让人们这样想。事实上，很多人确实是这样理解的。这足以让我对我的反对做出说明。我很感激彼得·坎纳沃（Peter Cannavo）和约书亚·科恩（Joshua Cohen）对这个问题的讨论。我也很感谢当时在哈佛大学法学院读书的学生杰弗里·斯科皮克（Jeffrey Skopek），他为我就这一问题的研讨会撰写了一篇很精彩的论文。

46. Paul Krugman, "Green Economics," *New York Times Magazine*, April 11, 2010.

47. 参见 Richard B. Stewart, "Controlling Environmental Risks Through Economic Incentives," *Columbia Journal of Environmental Law* 13 (1988): 153–69; Bruce A. Ackerman and Richard B. Stewart, "Reforming Environmental Law," *Stanford Law Review* 37 (1985); Bruce A. Ackerman and Richard B. Stewart, "Reforming Environmental Law: The Democratic Case for Market Incentives," *Columbia Journal of Environmental Law* 13 (1988): 171–99; Lisa Heinzerling, "Selling Pollution, Forcing Democracy," *Stanford Environmental Law Journal* 14 (1995): 300–44。另可参见 Stavins, Economics of the Environment。

48. John M. Broder, "From a Theory to a Consensus on Emissions," *New York Times*, May 17, 2009; Krugman, "Green Economics."

49. Broder, "From a Theory to a Consensus on Emissions." 关于二氧化硫排放的上限和交易方法的批判性评估，参见 James Hansen, "Cap and Fade," *New York Times*, December 7, 2009。

50. 参见 BP "target neutral" website, www.bp.com/sectionbodycopy.do?categoryId=9080&contentId=7058126; 20 英镑每年的估算参见 www.bp.com/sectiongenericarticle.do?categoryId=9032616&contentId=7038962; 有关英国航空公司碳补偿方案的内容，参见 www.britishairways.com/travel/csr-projects/public/en_gb。

51. 我在哈佛法学院研讨班的学生杰弗里·M. 斯科皮克（Jeffrey M. Skopek）在 "Note: Uncommon Goods: On Environmental Virtues and Voluntary Carbon Offsets," *Harvard Law Review* 123, no. 8 (June 2010): 2065–87 中有力地阐述了对碳补偿行为的批评。

52. 关于一位思考周密的经济学家对碳补偿行为的辩护，参见 Robert M. Frank, "Carbon Offsets: A Small Price to Pay for Efficiency," *New York Times*, May 31, 2009。

53. Brendan Borrell, "Saving the Rhino Through Sacrifice," *Bloomberg Businessweek*, December 9, 2010.

54. 同上。

55. C. J. Chivers, "A Big Game," *New York Times Magazine*, August 25, 2002.

56. 同上。

57. Paul A. Samuelson, *Economics: An Introductory Analysis*, 4th ed. (New York: McGraw-Hill, 1958), pp. 6–7.

58. N. Gregory Mankiw, *Principles of Economics*, 3rd ed. (Mason, OH: Thomson South-Western, 2004), p. 4.

59. Steven D. Levitt and Stephen J. Dubner, *Freakonomics: A Rogue Economist Explores the Hidden Side of Everything*, revised and expanded ed. (New York: William Morrow, 2006), p. 16.

60. 对"激励措施"的概念及其历史的精彩讨论，参见 Ruth W. Grant, "Ethics and Incentives: A Political Approach," *American Political Science Review* 100 (February 2006): 29–39。

61. Google Books Ngram Viewer, http://ngrams.googlelabs.com/graph?content=incentives&year_start=1940&year_end=2008&corpus=0&smoothing=3. Accessed September 9, 2011.

62. Levitt and Dubner, *Freakonomics*, p. 16.

63. 同上，第 17 页。

64. Google Books Ngram Viewer, http://ngrams.googlelabs.com/graph?content=incentivize&year_start=1990&year_end=2008&008corpus=0&smoothing=3. Accessed September 9, 2011.

65. 以十年为单位在律商联讯的网站上对主流报纸有关"激励"或"激励措施"的搜索。访问于 2011 年 9 月 9 日。

66. 数据源自 the American Presidency Project, University of California, Santa Barbara, archive of Public Papers of the Presidents, www.presidency.ucsb.edu/ws/index.php#1TLVOyrZt。

67. 英国首相在达沃斯论坛上的讲话，2011 年 1 月 28 日，www.number10.gov.uk/news/prime-ministers-speech-at-the-world-economic-forum/; 卡梅伦首相在伦敦骚乱后的讲话详见 John F. Burns and Alan Cowell, "After Riots, British Leaders Offer Divergent Proposals," *New York Times*, August 16, 2011。

68. Levitt and Dubner, *Freakonomics*, pp. 190, 46, 11.

69. Mankiw, *Principles of Economics*, 3rd ed., p. 148.

70. 有关反对功利主义的完整讨论详见 Michael J. Sandel, *Justice: What's the Right Thing to Do?* (New York: Farrar, Straus and Giroux, 2009), pp. 41–48, 52–56。

第3章 市场是如何排挤道德规范的

1. Daniel E. Slotnik, "Too Few Friends? A Web Site Lets You Buy Some (and They're Hot)," *New York Times*, February 26, 2007.

2. Heathcliff Rothman, "I'd Really Like to Thank My Pal at the Auction House," *New York Times,* February 12, 2006.

3. Richard A. Posner, "The Regulation of the Market in Adoptions," *Boston University Law Review* 67 (1987): 59–72; Elizabeth M. Landes and Richard A. Posner, "The Economics of the Baby Shortage," *Journal of Legal Studies* 7 (1978): 323–48.

4. Elisabeth Rosenthal. "For a Fee, This Chinese Firm Will Beg Pardon for Anyone," *New York Times*, January 3, 2001.

5. Rachel Emma Silverman, "Here's to My Friends, the Happy Couple, a Speech I Bought: Best Men of Few Words Get Them on the Internet to Toast Bride and Groom," *Wall Street Journal*, June 19, 2002; Eilene Zimmerman, "A Toast from Your Heart, Written by Someone Else," *Christian Science Monitor*, May 31, 2002.

6. www.theperfecttoast.com; www.instantweddingtoasts.com.

7. Joel Waldfogel, "The Deadweight Loss of Christmas," *American Economic Review* 83, no. 5 (December 1993): 1328–36; Joel Waldfogel, *Scroogenomics: Why You Shouldn't Buy Presents for the Holidays* (Princeton: Princeton University Press, 2009), p. 14.

8. Waldfogel, *Scroogenomics*, pp. 15–16.

9. Joel Waldfogel, "You Shouldn't Have: The Economic Argument for Never Giving Another Gift," *Slate*, December 8, 2009, www.slate.com/articles/business/the_dismal_science/2009/12/you_shouldnt_have.html.

10. Mankiw, *Principles of Economics*, 3rd ed., p. 483.

11. Alex Tabarrok, "Giving to My Wild Self," December 21, 2006, http://marginalrevolution.com/marginalrevolution/2006/12/giving_to_my_wi.html.

12. Waldfogel, *Scroogenomics*, p. 48.

13. 同上，第48—50、55 页。

14. Stephen J. Dubner and Steven D. Levitt, "The Gift-Card Economy," *New York Times*, January 7, 2007.

15. Waldfogel, *Scroogenomics*, pp. 55–56.

16. Jennifer Steinhauer, "Harried Shoppers Turned to Gift Certificates," *New York Times*,

January 4, 1997; Jennifer Pate Offenberg, "Markets: Gift Cards," *Journal of Economic Perspectives* 21, no. 2 (Spring 2007): 227–38; Yian Q. Mui, "Gift-Card Sales Rise After Falling for Two Years," *Washington Post*, December 27, 2010; 2010 National Retail Federation Holiday Consumer Spending Report, cited in "Gift Cards: Opportunities and Issues for Retailers," Grant Thornton LLP, 2011, p. 2, www.grantthornton.com/portal/site/gtcom/menuitem.91c078ed5c0ef4ca80cd8710033841ca/?vgnextoid=a047bfc210Vgn VCM1000003a8314RCRD&vgnextfmt=default.

17. Judith Martin quoted in Tracie Rozhon, "The Weary Holiday Shopper Is Giving Plastic This Season," *New York Times*, December 9, 2002; Liz Pulliam Weston, "Gift Cards Are Not Gifts," MSN Money, http://articles.moneycentral.msn.com/SavingandDebt/FindDealsOnline/GiftCardsAreNotGifts.aspx.

18. "Secondary Gift Card Economy Sees Significant Growth in 2010," Marketwire, January 20, 2011, www.marketwire.com/press-release/secondary-gift-card-economy-sees-significant-growth-in-2010-1383451.htm; 卡片的价格是 "卡片丛林" 2011 年 10 月 21 日列出的报价，参见 www.plasticjungle/com。

19. Offenberg, "Markets: Gift Cards," p. 237.

20. Sabra Chartrand, "How to Send an Unwanted Present on Its Merry Way, Online and Untouched," *New York Times*, December 8, 2003; Wesley Morris, "Regifter's Delight: New Software Promises to Solve a Holiday Dilemma," *Boston Globe*, December 28, 2003.

21. 参见 Daniel Golden, *The Price of Admission* (New York: Crown, 2006); Richard D. Kahlenberg, ed., *Affirmative Action for the Rich* (New York: Century Foundation Press, 2010)。

22. 参见评论：Yale president Rick Levin, in Kathrin Lassila, "Why Yale Favors Its Own," *Yale Alumni Magazine*, November/December 2004, www.yalealumnimagazine.com/issues/2004_11/q_a/html; 以及 Princeton president Shirley Tilghman, in John Hechinger, "The Tiger Roars: Under Tilghman, Princeton Adds Students, Battles Suits, Takes on the Eating Clubs," *Wall Street Journal*, July 17, 2006。

23. 我在 1998 年牛津大学布雷齐诺斯学院做的题为 "人的价值观" 的丹纳讲座上讲过一次这两种对商品化的反驳。在这个部分，我提出了对那次讲座的一个修正版本。参见 Michael J. Sandel, "What Money Can't Buy," in Grethe B. Peterson, ed., *The Tanner Lectures on Human Values*, vol. 21 (Salt Lake City: University of Utah Press, 2000), pp. 87–122。

24. Bruno S. Frey, Felix Oberholzer-Gee, Reiner Eichenberger, "The Old Lady Visits Your Backyard: A Tale of Morals and Markets," *Journal of Political Economy* 104, no. 6

(December 1996): 1297–1313; Bruno S. Frey and Felix Oberholzer-Gee, "The Cost of Price Incentives: An Empirical Analysis of Motivation Crowding-Out," *American Economic Review* 87, no. 4 (September 1997): 746–55. 亦可参见 Bruno S. Frey, *Not Just for the Money: An Economic Theory of Personal Motivation* (Cheltenham, UK: Edward Elgar Publishing, 1997), pp. 67–78。

25. Frey, Oberholzer-Gee, and Eichenberger, "The Old Lady Visits Your Backyard," pp. 1300, 1307; Frey and Oberholzer-Gee, "The Cost of Price Incentives," p. 750. 补偿额度范围是贮存点有效期内每年从 2 175 美元到 8 700 美元不等。受访者家庭月收入中位数为 4 565 美元。Howard Kunreuther and Doug Easterling, "The Role of Compensation in Siting Hazardous Facilities," *Journal of Policy Analysis and Management* 15, no. 4 (Autumn 1996): 606–08.

26. Frey, Oberholzer-Gee, and Eichenberger, "The Old Lady Visits Your Backyard," p. 1306.

27. Frey and Oberholzer-Gee, "The Cost of Price Incentives," p. 753.

28. Kunreuther and Easterling, "The Role of Compensation in Siting Hazardous Facilities," pp. 615–19; Frey, Oberholzer-Gee, and Eichenberger, "The Old Lady Visits Your Backyard," p. 1301. 有关支持现金补偿的论证，参见 Michael O'Hare, "'Not on My Block You Don't': Facility Siting and the Strategic Importance of Compensation," *Public Policy* 25, no. 4 (Fall 1977): 407–58。

29. Carol Mansfield, George L. Van Houtven, and Joel Huber, "Compensating for Public Harms: Why Public Goods Are Preferred to Money," *Land Economics* 78, no. 3 (August 2002): 368–89.

30. Uri Gneezy and Aldo Rustichini, "Pay Enough or Don't Pay at All," *Quarterly Journal of Economics* (August 2000): 798–99.

31. 同上，第 799—803 页。

32. 同上，第 802—807 页。

33. Uri Gneezy and Aldo Rustichini, "A Fine Is a Price," *Journal of Legal Studies* 29, no. 1 (January 2000): 1–17.

34. Fred Hirsch, *The Social Limits to Growth* (Cambridge, MA: Harvard University Press, 1976), pp. 87, 93, 92.

35. Dan Ariely, *Predictably Irrational*, rev. ed. (New York: Harper, 2010), pp. 75–102; James Heyman and Dan Ariely, "Effort for Payment," *Psychological Science* 15, no. 11 (2004): 787–93.

36. 有关外部奖励对内在动机的影响的 128 个研究综述和分析，参见 Edward L. Deci, Richard Koestner, and Richard M. Ryan, "A Meta-Analytic Review of Experiments

Examining the Effects of Extrinsic Rewards on Intrinsic Motivation," *Psychological Bulletin* 125, no. 6 (1999): 627–68。

37. Bruno S. Frey and Reto Jegen, "Motivation Crowding Theory," *Journal of Economic Surveys* 15, no. 5 (2001): 590. 亦可参见 Maarten C. W. Janssen and Ewa Mendys-Kamphorst, "The Price of a Price: On the Crowding Out and In of Social Norms," *Journal of Economic Behavior & Organization* 55 (2004): 377–95。

38. Richard M. Titmuss, *The Gift Relationship: From Human Blood to Social Policy* (New York: Pantheon, 1971), pp. 231–32.

39. 同上，第 134—135、277 页。

40. 同上，第 223—224、177 页。

41. 同上，第 224 页。

42. 同上，第 255、270—274、277 页。

43. Kenneth J. Arrow, "Gifts and Exchanges," *Philosophy & Public Affairs* 1, no. 4 (Summer 1972): 343–62. 对阿罗的观点的一个有洞见的回应，参见 Peter Singer, "Altruism and Commerce: A Defense of Titmuss Against Arrow," *Philosophy & Public Affairs* 2 (Spring 1973): 312–20。

44. Arrow, "Gifts and Exchanges," pp. 349–50.

45. 同上，第 351 页。

46. 同上，第 354—355 页。

47. Sir Dennis H. Robertson, "What Does the Economist Economize?" Columbia University, May 1954, reprinted in Dennis H. Robertson, *Economic Commentaries* (Westport, CT: Greenwood Press, 1978 [1956]), p. 148.

48. 同上。

49. 同上，第 154 页。

50. Aristotle, *Nicomachean Ethics,* translated by Pavid Ross (New York: Oxford University Press, 1925), book II, chapter I [1103a, 1103b].

51. Jean-Jacques Rousseau, The *Social Contract*, trans. G.D.H. Cole, rev. ed. (New York: Knopf, 1993 [1762]), Book III, chap. 15, pp. 239–40.

52. Lawrence H. Summers, "Economics and Moral Questions," Morning Prayers, Memorial Church, September 15, 2003, reprinted in *Harvard Magazine*, November–December 2003, www.harvard.edu/president/speeches/summers_2003/prayer.php.

第 4 章　生命与死亡的市场

1. Associated Press, "Woman Sues over Store's Insurance Policy," December 7, 2002;

Sarah Schweitzer, "A Matter of Policy: Suit Hits Wal-Mart Role as Worker Life Insurance Beneficiary," *Boston Globe*, December 10, 2002.

2. Associated Press, "Woman Sues over Store's Insurance Policy."

3. Schweitzer, "A Matter of Policy."

4. 同上。

5. Ellen E. Schultz and Theo Francis, "Valued Employees: Worker Dies, Firm Profits—Why?" *Wall Street Journal*, April 19, 2002.

6. 同上；Theo Francis and Ellen E. Schultz, "Why Secret Insurance on Employees Pays Off," *Wall Street Journal*, April 25, 2002。

7. Ellen E. Schultz and Theo Francis, "Why Are Workers in the Dark?" *Wall Street Journal*, April 24, 2002.

8. Theo Francis and Ellen E. Schultz, "Big Banks Quietly Pile Up 'Janitors Insurance,'" *Wall Street Journal*, May 2, 2002; Ellen E. Schulz and Theo Francis, "Death Benefit: How Corporations Built Finance Tool Out of Life Insurance," *Wall Street Journal*, December 30, 2002.

9. Schultz and Francis, "Valued Employees"; Schultz and Francis, "Death Benefit."

10. Schultz and Francis, "Death Benefit"; Ellen E. Schultz, "Banks Use Life Insurance to Fund Bonuses," *Wall Street Journal*, May 20, 2009.

11. Ellen E. Schultz and Theo Francis, "How Life Insurance Morphed Into a Corporate Finance Tool," *Wall Street Journal*, December 30, 2002.

12. 同上。

13. Schultz and Francis, "Valued Employees."

14. 一份 2003 年的联邦预算估计，与企业所有的人寿保险相关的税务减免，每年为纳税人造成 19 亿美元的财政损失。参见 Theo Francis, "Workers' Lives: Best Tax Break?" *Wall Street Journal*, February 19, 2003。

15. 在本部分，我引用了自己的文章 "You Bet Your Life," *New Republic,* September 7, 1998。

16. William Scott Page quoted in Helen Huntley, "Turning Profit, Helping the Dying," *St. Petersburg Times*, January 25, 1998.

17. David W. Dunlap, "AIDS Drugs Alter an Industry's Math: Recalculating Death-Benefit Deals," *New York Times*, July 30, 1996; Marcia Vickers, "For 'Death Futures,' the Playing Field Is Slippery," *New York Times*, April 27, 1997.

18. Stephen Rae, "AIDS: Still Waiting," *New York Times Magazine*, July 19, 1998.

19. William Kelley quoted in "Special Bulletin: Many Viatical Settlements Exempt from Federal Tax," Viatical Association of America, October 1997, cited in Sandel, "You Bet

Your Life."

20. Molly Ivins, "Chisum Sees Profit in AIDS Deaths," *Austin American-Statesman,* March 16, 1994. 亦可参见 Leigh Hop, "AIDS Sufferers Swap Insurance for Ready Cash," *Houston Post*, April 1, 1994。

21. Charles LeDuff, "Body Collector in Detroit Answers When Death Calls," *New York Times*, September 18, 2006.

22. John Powers, "End Game," *Boston Globe,* July 8, 1998; Mark Gollom, "Web 'Death Pools' Make a Killing," *Ottawa Citizen*, February 15, 1998; Marianne Costantinou, "Ghoul Pools Bet on Who Goes Next," *San Francisco Examiner,* February 22, 1998.

23. Victor Li, "Celebrity Death Pools Make a Killing," Columbia News Service, February 26, 2010, http://columbianewsservice.com/2010/02/celebrity-death-pools-make-a-killing/; http://stiffs.com/blog/rules/.

24. Laura Pedersen-Pietersen, "The Ghoul Pool: Morbid, Tasteless, and Popular," *New York Times*, June 7, 1998; Bill Ward, "Dead Pools: Dead Reckoning," *Minneapolis Star Tribune*, January 3, 2009. 更新的名人清单发布于 http://stiffs.com/stats and www.ghulpool.us/?page_id=571. Gollom, "Web 'Death Pools' Make a Killing"; Costantinou, "Ghoul Pools Bet on Who Goes Next"。

25. Pedersen-Pietersen, "The Ghoul Pool."

26. www.deathbeeper.com/; Bakst quoted in Ward, "Dead Pools: Dead Reckoning."

27. Geoffrey Clark, *Betting on Lives: The Culture of Life Insurance in England*, 1695–1775 (Manchester: Manchester University Press, 1999), pp. 3–10; Roy Kreitner, *Calculating Promises: The Emergence of Modern American Contract Doctrine* (Stanford: Stanford University Press, 2007), pp. 97–104; Lorraine J. Daston, "The Domestication of Risk: Mathematical Probability and Insurance 1650–1830," in Lorenz Kruger, Lorraine J. Daston, and Michael Heidelberger, eds., *The Probabilistic Revolution*, vol. 1 (Cambridge, MA: MIT Press, 1987), pp. 237–60.

28. Clark, *Betting on Lives*, pp. 3–10; Kreitner, *Calculating Promises*, pp. 97–104; Daston, "The Domestication of Risk"; Viviana A. Rotman Zelizer, *Morals & Markets: The Development of Life Insurance in the United States* (New York: Columbia University Press, 1979), pp. 38 (quoting French jurist Emerignon), 33.

29. Clark, *Betting on Lives*, pp. 8–10, 13–27.

30. Kreitner, *Calculating Promises*, pp. 126–29.

31. Clark, *Betting on Lives*, pp. 44–53.

32. 同上，第 50 页；Zelizer, *Morals & Markets*, p. 69, citing John Francis, *Annals, Anec-*

dotes, and Legends (1853), p. 144。

33. Life Assurance Act of 1774, chap. 48 14 Geo 3, www.legislation.gov.uk/apgb/Geo3/14/48/introduction; Clark, *Betting on Lives*, pp. 9, 22, 34–35, 52–53.

34. Zelizer, *Morals & Markets*, pp. 30, 43. And see generally pp. 91–112, 119–47.

35. 同上，第 62 页。

36. 同上，第 108 页。

37. 同上，第 124 页。

38. 同上，第 146—147 页。

39. 同上，第 71—72 页；Kreitner, *Calculating Promises*, pp. 131–46。

40. *Grigsby v. Russell*, 222 U.S. 149 (1911), p. 154. 参见 Kreitner, *Calculating Promises*, pp. 140–42。

41. *Grigsby v. Russell*, pp. 155–56.

42. Carl Hulse, "Pentagon Prepares a Futures Market on Terror Attacks," *New York Times*, July 29, 2003; Carl Hulse, "Swiftly, Plan for Terrorism Futures Market Slips into Dustbin of Ideas," *New York Times*, July 29, 2003.

43. Ken Guggenheim, "Senators Say Pentagon Plan Would Allow Betting on Terrorism, Assassination," Associated Press, July 28, 2003; Josh Meyer, "Trading on the Future of Terror: A Market System Would Help Pentagon Predict Turmoil," *Los Angeles Times*, July 29, 2003.

44. Bradley Graham and Vernon Loeb, "Pentagon Drops Bid for Futures Market," *Washington Post*, July 30, 2003; Hulse, "Swiftly, Plan for Terrorism Futures Market Slips into Dustbin of Ideas."

45. Guggenheim, "Senators Say Pentagon Plan Would Allow Betting on Terrorism, Assassination"; Meyer, "Trading on the Future of Terror"; Robert Schlesinger, "Plan Halted for a Futures Market on Terror," *Boston Globe*, July 30, 2003; Graham and Loeb, "Pentagon Drops Bid for Futures Market."

46. Hulse, "Pentagon Prepares a Futures Market on Terror Attacks."

47. Hal R. Varian, "A Market in Terrorism Indicators Was a Good Idea; It Just Got Bad Publicity," *New York Times*, July 31, 2003; Justin Wolfers and Eric Zitzewitz, "The Furor over 'Terrorism Futures,'" *Washington Post*, July 31, 2003.

48. Michael Schrage and Sam Savage, "If This Is Harebrained, Bet on the Hare," *Washington Post*, August 3, 2003; Noam Scheiber, "Futures Markets in Everything," *New York Times Magazine*, December 14, 2003, p. 117; Floyd Norris, "Betting on Terror: What Markets Can Reveal," *New York Times*, August 3, 2003; Mark Leibovich, "George Tenet's 'Slam-Dunk' into the History Books," *Washington Post,* June 4, 2004.

49. Schrage and Savage, "If This Is Harebrained."亦可参见 Kenneth Arrow et al., "The Promise of Prediction Markets," *Science* 320 (May 16, 2008): 877–78; Justin Wolfers and Eric Zitzewitz, "Prediction Markets," *Journal of Economic Perspectives* 18 (Spring 2004): 107–26; Reuven Brenner, "A Safe Bet," *Wall Street Journal,* August 3, 2003。

50. 有关预测市场的局限性，参见 Joseph E. Stiglitz, "Terrorism: There's No Futures in It," *Los Angeles Times*, July 31, 2003。对它们的辩护，参见 Adam Meirowitz and Joshua A. Tucker, "Learning from Terrorism Markets," *Perspectives on Politics* 2 (June 2004), and James Surowiecki, "Damn the Slam PAM Plan!" *Slate*, July 30, 2003, www.slate.com/articles/news_and_politics/hey_wait_a_minute/2003/07/damn_the_slam_pam_plan.html。相关综述参见 Wolfers and Zitzewitz, "Prediction Markets"。

51. 引自 Robin D. Hanson, an economist at George Mason University, in David Glenn, "Defending the 'Terrorism Futures' Market," *Chronicle of Higher Education*, August 15, 2003。

52. Liam Pleven and Rachel Emma Silverman, "Cashing In: An Insurance Man Builds a Lively Business in Death," *Wall Street Journal*, November 26, 2007.

53. 同上；www.coventry.com/about-coventry/index,asp。

54. www.coventry.com/life-settlement-overview/secondary-market.asp.

55. 参见 Susan Lorde Martin, "Betting on the Lives of Strangers: Life Settlements, STOLI, and Securitization," *University of Pennsylvania Journal of Business Law* 13 (Fall 2010): 190。2008 年终止支付的保险数量占总数的 38%，参见 *ACLI Life Insurers Fact Book*, December 8, 2009, p. 69, cited in Martin。

56. Mark Maremont and Leslie Scism, "Odds Skew Against Investors in Bets on Strangers' Lives," *Wall Street Journal*, December 21, 2010.

57. 同上；Mark Maremont, "Texas Sues Life Partners," *Wall Street Journal*, July 30, 2011。

58. Maria Woehr, "'Death Bonds' Look for New Life," The Street, June 1, 2011, www.thestreet.com/story/11135581/1/death-bonds-look-for-new-life.html.

59. Charles Duhigg, "Late in Life, Finding a Bonanza in Life Insurance," *New York Times*, December 17, 2006.

60. 同上。

61. 同上。

62. Leslie Scism, "Insurers Sued Over Death Bets," *Wall Street Journal,* January 2, 2011; Leslie Scism, "Insurers, Investors Fight Over Death Bets," *Wall Street Journal*, July 9, 2011.

63. Pleven and Silverman, "Cashing In."

64. 同上。引用部分出自人寿市场制度协会网站 www.lifemarketsassociation.org/。

65. Martin, "Betting on the Lives of Strangers," pp. 200–06.

66. 人寿保险结算协会执行主任道格·黑德在佛罗里达保险监管信息办公室听证会上的证言，2008 年 8 月 28 日，www.floir.com/siteDocuments/LifeInsSettlementAssoc.pdf。

67. Jenny Anderson, "Wall Street Pursues Profit in Bundles of Life Insurance," *New York Times,* September 6, 2009.

68. 同上。

69. 同上。

70. Leslie Scism, "AIG Tries to Sell Death-Bet Securities," *Wall Street Journal*, April 22, 2011.

第 5 章　冠名权

1. 基勒布鲁 1969 年的收入引自棒球年鉴 www.baseball-almanac.com/players/player.php?p=killeha01。

2. Tyler Kepner, "Twins Give Mauer 8-Year Extension for \$184 Million," *New York Times*, March 21, 2010; http://espn.go.com/espn/thelife/salary/index?athleteID=5018022.

3. 明尼苏达双城队 2012 年票价参见 http://minnesota.twins.mlb.com/min/ticketing/seasonticket_prices.jsp; 纽约洋基队 2012 年票价参见 http://newyork.yankees.mlb.com/nyy/ballpark/seating_pricing.jsp。

4. Rita Reif, "The Boys of Summer Play Ball Forever, for Collectors," *New York Times*, February 17, 1991.

5. Michael Madden, "They Deal in Greed," *Boston Globe*, April 26, 1986; Dan Shaughnessy, "A Card-Carrying Hater of These Types of Shows," *Boston Globe*, March 17, 1997; Steven Marantz, "The Write Stuff Isn't Cheap," *Boston Globe*, February 12, 1989.

6. E. M. Swift, "Back Off!" *Sports Illustrated*, August 13, 1990.

7. Sabra Chartrand, "When the Pen Is Truly Mighty," *New York Times*, July 14, 1995; Shaughnessy, "A Card-Carrying Hater of These Types of Shows."

8. Fred Kaplan, "A Grand-Slam Bid for McGwire Ball," *Boston Globe*, January 13, 1999; Ira Berkow, "From 'Eight Men Out' to EBay: Shoeless Joe's Bat," *New York Times*, July 25, 2001.

9. Daniel Kadlec, "Dropping the Ball," *Time*, February 8, 1999.

10. Rick Reilly, "What Price History?" *Sports Illustrated*, July 12, 1999; Kadlec, "Dropping the Ball."

11. Joe Garofoli, "Trial Over Bonds Ball Says It All—About Us," *San Francisco Chronicle*, November 18, 2002; Dean E. Murphy, "Solomonic Decree in Dispute Over Bonds Ball," *New York Times*, December 19, 2002; Ira Berkow, "73d Home Run Ball Sells for $450,000," *New York Times*, June 26, 2003.

12. John Branch, "Baseball Fights Fakery With an Army of Authenticators," *New York Times*, April 21, 2009.

13. Paul Sullivan, "From Honus to Derek, Memorabilia Is More Than Signed Bats," *New York Times*, July 15, 2011; Richard Sandomir, "Jeter's Milestone Hit Is Producing a Run on Merchandise," *New York Times*, July 13, 2011; Richard Sandomir, "After 3,000, Even Dirt Will Sell," *New York Times,* June 21, 2011.

14. www.peterose.com.

15. Alan Goldenbach, "Internet's Tangled Web of Sports Memorabilia," *Washington Post,* May 18, 2002; Dwight Chapin, "Bizarre Offers Have Limited Appeal," *San Francisco Chronicle*, May 22, 2002.

16. Richard Sandomir, "At (Your Name Here) Arena, Money Talks," *New York Times*, 2004; David Biderman, "The Stadium-Naming Game," *Wall Street Journal,* February 3, 2010.

17. Sandomir, "At (Your Name Here) Arena, Money Talks"; Rick Horrow and Karla Swatek, "Quirkiest Stadium Naming Rights Deals: What's in a Name?" *Bloomberg Businessweek*, September 10, 2010, http://images.businessweek.com/ss/09/10/1027_ quirkiest_stadium_naming_rights_deals/1.htm; Evan Buxbaum, "Mets and the Citi: $400 Million for Stadium-Naming Rights Irks Some," CNN, April 13, 2009, http://articles.cnn. com/2009-04-13/us/mets.ballpark_1_citi-field-mets-home-stadium-naming?_s=PM:US.

18. Chris Woodyard, "Mercedes-Benz Buys Naming Rights to New Orleans' Superdome," *USA Today*, October 3, 2011; Brian Finkel, "MetLife Stadium's $400 Million Deal," *Bloomberg Businessweek*, August 22, 2011, http://images.businessweek.com/ slideshows/20110822/nfl-stadiums-with-the-most-expensive-naming-rights/.

19. Sandomir, "At (Your Name Here) Arena, Money Talks," 引自体育市场营销经理迪安·博纳姆（Dean Bonham）提及的有关冠名权交易的数量和价值。

20. Bruce Lowitt, "A Stadium by Any Other Name?" *St. Petersburg Times*, August 31, 1996; Alan Schwarz, "Ideas and Trends: Going, Going, Yawn: Why Baseball Is Homer Happy," *New York Times*, October 10, 1999.

21. "New York Life Adds Seven Teams to the Scoreboard of Major League Baseball Sponsorship Geared to 'Safe' Calls," New York Life press release, May 19, 2011, www. newyorklife.com/nyl/v/index.jsp?vgnextoid=c4fbd4d392e10310VgnVCM100000ac841c

acRCRD.

22. Scott Boeck, "Bryce Harper's Minor League At-Bats Sponsored by Miss Utility," *USA Today*, March 16, 2011; Emma Span, "Ad Nauseum," Baseball Prospectus, March 29, 2011, www.baseballprospectus.com/article.php?articleid=13372.

23. Darren Rovell, "Baseball Scales Back Movie Promotion," ESPN.com, May 7, 2004, http://sports.espn.go.com/espn/sportsbusiness/news/story?id=1796765.

24. 本段及接下来几段内容，参见 Michael J. Sandel, "Spoiled Sports," *New Republic*, May 25, 1998。

25. Tom Kenworthy, "Denver Sports Fans Fight to Save Stadium's Name," *USA Today,* October 27, 2000; Cindy Brovsky, "We'll Call It Mile High," *Denver Post*, August 8, 2001; David Kesmodel, "Invesco Ready to Reap Benefits: Along with P.R., Firm Gets Access to Broncos," *Rocky Mountain News*, August 14, 2001; Michael Janofsky, "Denver Newspapers Spar Over Stadium's Name," *New York Times*, August 23, 2001.

26. Jonathan S. Cohn, "Divided the Stands: How Skyboxes Brought Snob Appeal to Sports," *Washington Monthly*, December 1991; Frank Deford, "Seasons of Discontent," *Newsweek,* December 29, 1997; Robert Bryce, "Separation Anxiety," *Austin Chronicle*, October 4, 1996.

27. Richard Schmalbeck and Jay Soled, "Throw Out Skybox Tax Subsidies," *New York Times*, April 5, 2010; Russell Adams, "So Long to the Suite Life," *Wall Street Journal*, February 17, 2007.

28. Robert Bryce, "College Skyboxes Curb Elbow-to-Elbow Democracy," *New York Times*, September 23, 1996; Joe Nocera, "Skybox U.," *New York Times*, October 28, 2007; Daniel Golden, "Tax Breaks for Skyboxes," *Wall Street Journal*, December 27, 2006.

29. John U. Bacon, "Building—and Building on—Michigan Stadium," *Michigan Today*, September 8, 2010, http://michigantoday.umich.edu/story.php?id=7865; Nocera, "Skybox U."

30. www.savethebighouse.com/index.html.

31. "Michigan Stadium Suite and Seats Sell Slowly, Steadily in Sagging Economy," Associated Press, February 12, 2010, www.annarbor.com/sports/um-football/michigan-stadium-suite-and-seats-sell-slowly-steadily-in-sagging-economy/.

32. Adam Sternbergh, "Billy Beane of 'Moneyball' Has Given Up on His Own Hollywood Ending," *New York Times Magazine*, September 21, 2011.

33. 同上；Allen Barra, "The 'Moneyball' Myth," *Wall Street Journal*, September 22, 2011。

34. President Lawrence H. Summers, "Fourth Annual Marshall J. Seidman Lecture on Health Policy," Boston, April 27, 2004, www.harvard.edu/president/speeches/summers_2004/seidman.php.

35. Jahn K. Hakes and Raymond D. Sauer, "An Economic Evaluation of the Moneyball Hypothesis," *Journal of Economic Perspectives* 20 (Summer 2006): 173–85; Tyler Cowen and Kevin Grier, "The Economics of *Moneyball*," *Grantland*, December 7, 2011, www.grantland.com/story/_/id/7328539/the-economics-moneyball.

36. Cowen and Grier, "The Economics of *Moneyball*."

37. Richard Tomkins, "Advertising Takes Off," *Financial Times*, July 20, 2000; Carol Marie Cropper, "Fruit to Walls to Floor, Ads Are on the March," *New York Times*, February 26, 1998; David S. Joachim, "For CBS's Fall Lineup, Check Inside Your Refrigerator," *New York Times*, July 17, 2006.

38. Steven Wilmsen, "Ads Galore Now Playing at a Screen Near You," *Boston Globe,* March 28, 2000; John Holusha, "Internet News Screens: A New Haven for Elevator Eyes," *New York Times*, June 14, 2000; Caroline E. Mayer, "Ads Infinitum: Restrooms, ATMs, Even Fruit Become Sites for Commercial Messages," *Washington Post*, February 5, 2000.

39. Lisa Sanders, "More Marketers Have to Go to the Bathroom," *Advertising Age*, September 20, 2004; "Restroom Advertising Companies Host Annual Conference in Vegas," press release, October 19, 2011, http://indooradvertising.org/pressroom.shtml.

40. David D. Kirkpatrick, "Words From Our Sponsor: A Jeweler Commissions a Novel," *New York Times*, September 3, 2001; Martin Arnold, "Placed Products, and Their Cost," *New York Times*, September 13, 2001.

41. Kirkpatrick, "Words From Our Sponsor"; Arnold, "Placed Products, and Their Cost."

42. 一个关于植入广告的电子书的新近例子参见 Erica Orden, "This Book Brought to You by . . . ," *Wall Street Journal*, April 26, 2011; Stu Woo, "Cheaper Kindle in Works, But It Comes With Ads," *Wall Street Journal*, April 12, 2011。2012年1月，Kindle Touch "有特别优惠" 的售价为 99 美元，"无特别优惠" 的售价为 139 美元，参见 www.amazon.com/gp/product/B005890G8Y/ref=famstripe_kt。

43. Eric Pfanner, "At 30,000 Feet, Finding a Captive Audience for Advertising," *New York Times*, August 27, 2007; Gary Stoller, "Ads Add Up for Airlines, but Some Fliers Say It's Too Much," *USA Today*, October 19, 2011; www.airlinereporter.com/2010/05/buys-ads-on-overhead-bins-napkins-barfbags-lavatories-and-much-more/.

44. Andrew Adam Newman, "Your Ad Here on My S.U.V., and You'll Pay?" *New York*

Times, August 27, 2007; www.myfreecar.com/.

45. Allison Linn, "A Colorful Way to Avoid Foreclosure," MSNBC, April 7, 2001, http://lifeinc/
today/msnbc/msn.com/_news/2011/04/07/6420648-a-colorful-way-to-avoid-foreclosure;
Seth Fiegerman, "The New Product Placement," The Street, May 28, 2011, www.thestreet.
com/story/11136217/1/the-new-product-placement.html?cm_ven=GOOGLEN. 这家公司
随后改名为 Godialing，网址为 www.godialing.com/paintmyhouse.php。

46. Steve Rubenstein, "$5.8 Million Tattoo: Sanchez Family Counts the Cost of Lunch
Offer," *San Francisco Chronicle*, April 14, 1999.

47. Erin White, "In-Your-Face Marketing: Ad Agency Rents Foreheads," *Wall Street Journal*,
February 11, 2003.

48. Andrew Adam Newman, "The Body as Billboard: Your Ad Here," *New York Times*,
February 18, 2009.

49. Aaron Falk, "Mom Sells Face Space for Tattoo Advertisement," *Deseret Morning News*,
June 30, 2005.

50. 广告新闻稿出自 Ralph Nader's Commercial Alert: "Nader Starts Group to Oppose the
Excesses of Marketing, Advertising and Commercialism," September 8, 1998, www.
commercialalert.org/issues/culture/ad-creep/nader-starts-group-to-oppose-the-excesses-
of-marketing-advertising-and-commercialism; Micah M. White, "Toxic Culture: A
Unified Theory of Mental Pollution," *Adbusters* #96, June 20, 2011, www.adbusters.org/
magazine/96/unified-theory-mental-pollution.html; 购物者的话引自 Cropper, "Fruit to
Walls to Floor, Ads Are on the March"; 广告主管人员的话引自 Skip Wollenberg, "Ads
Turn Up in Beach Sand, Cash Machines, Bathrooms," Associated Press, May 25, 1999。
完整内容参见 Adbusters magazine, www.adbusters.org/magazine; Kalle Lasn, *Culture
Jam: The Uncooling of America* (New York: Morrow, 1999); 以及 Naomi Klein, *No Logo:
Taking Aim at the Brand Bullies* (New York: Picador, 2000)。

51. Walter Lippmann, *Drift and Mastery: An Attempt to Diagnose the Current Unrest* (New
York: Mitchell Kennerley, 1914), p. 68.

52. 关于谷仓的描述及令人咂舌的照片，参见 William G. Simmonds, *Advertising Barns:
Vanishing American Landmarks* (St. Paul, MN: MBI Publishing, 2004)。

53. Janet Kornblum, "A Brand-New Name for Daddy's Little eBaby," *USA Today*,
July 26, 2001; Don Oldenburg, "Ringing Up Baby: Companies Yawned at Child Naming
Rights, but Was It an Idea Ahead of Its Time?" *Washington Post*, September 11, 2001.

54. Joe Sharkey, "Beach-Blanket Babel," *New York Times*, July 5, 1998; Wollenberg, "Ads
Turn Up in Beach Sand, Cash Machines, Bathrooms."

55. David Parrish, "Orange County Beaches Might Be Ad Vehicle for Chevy," *Orange County Register*, July 16, 1998; Shelby Grad, "This Beach Is Being Brought to You by . . . ," *Los Angeles Times*, July 22, 1998; Harry Hurt III, "Parks Brought to You by . . . ," *U.S. News & World Report*, August 11, 1997; Melanie Wells, "Advertisers Link Up with Cities," *USA Today*, May 28, 1997.

56. Verne G. Kopytoff, "Now, Brought to You by Coke (or Pepsi): Your City Hall," *New York Times*, November 29, 1999; Matt Schwartz, "Proposed Ad Deals Draw Critics," *Houston Chronicle*, January 26, 2002.

57. Terry Lefton, "Made in New York: A Nike Swoosh on the Great Lawn?" *Brandweek*, December 8, 2003; Gregory Solman, "Awarding Keys to the Newly Sponsored City: Private/Public Partnerships Have Come a Long Way," *Adweek*, September 22, 2003.

58. Carey Goldberg, "Bid to Sell Naming Rights Runs Off Track in Boston," *New York Times*, March 9, 2001; Michael M. Grynbaum, "M.T.A. Sells Naming Rights to Subway Station," *New York Times*, June 24, 2009; Robert Klara, "Cities for Sale," *Brandweek*, March 9, 2009.

59. Paul Nussbaum, "SEPTA Approves Changing Name of Pattison Station to AT&T," *Philadelphia Inquirer*, June 25, 2010.

60. Cynthia Roy, "Mass. Eyes Revenue in Park Names," *Boston Globe*, May 6, 2003; "On Wal-Mart Pond?" editorial, *Boston Globe*, May 15, 2003.

61. Ianthe Jeanne Dugan, "A Whole New Name Game," *Wall Street Journal*, December 6, 2010; Jennifer Rooney, "Government Solutions Group Helps Cash-Strapped State Parks Hook Up with Corporate Sponsor Dollars," *Advertising Age*, February 14, 2011; "Billboards and Parks Don't Mix," editorial, *Los Angeles Times*, December 3, 2011.

62. Fred Grimm, "New Florida State Motto: 'This Space Available,'" *Miami Herald*, October 1, 2011; Rooney, "Government Solutions Group Helps Cash-Strapped State Parks Hook Up with Corporate Sponsor Dollars."

63. Daniel B. Wood, "Your Ad Here: Cop Cars as the Next Billboards," *Christian Science Monitor*, October 3, 2002; Larry Copeland, "Cities Consider Ads on Police Cars," *USA Today*, October 30, 2002; Jeff Holtz, "To Serve and Persuade," *New York Times*, February 9, 2003.

64. Holtz, "To Serve and Persuade"; "Reject Police-Car Advertising," editorial, *Charleston (South Carolina) Post and Courier*, November 29, 2002; "A Creepy Commercialism," editorial, *Hartford Courant*, January 28, 2003.

65. "Reject Police-Car Advertising"; "A Creepy Commercialism"; "A Badge, a Gun—and

a Great Deal on Vinyl Siding," editorial, *Roanoke (Virginia) Times & World News*, November 29, 2002; "To Protect and to Sell," editorial, *Toledo Blade,* November 6, 2002; Leonard Pitts Jr., "Don't Let Cop Cars Become Billboards," *Baltimore Sun*, November 10, 2002.

66. Holtz, "To Serve and Persuade"; Wood, "Your Ad Here."

67. Helen Nowicka, "A police Car Is on Its Way," *Independent* (London), September 8, 1996; Stewart Tendler, "Police Look to Private Firms for Sponsorship Cash," *Times* (London), January 6, 1997.

68. Kathleen Burge, "Ad Watch: Police Sponsors Put Littleton Cruiser on the Road," *Boston Globe,* February 14, 2006; Ben Dobbin, "Some Police Agencies Sold on Sponsorship Deals," *Boston Globe*, December 26, 2011.

69. Anthony Schoettle, "City's Sponsorship Plan Takes Wing with KFC," *Indianapolis Business Journal*, January 11, 2010.

70. Matthew Spina, "Advertising Company Putting Ads in County Jail," *Buffalo News*, March 27, 2011.

71. 同上。

72. Michael J. Sandel, "Ad Nauseum," *New Republic*, September 1, 1997; Russ Baker, "Stealth TV," *American Prospect* 12 (February 12, 2001); William H. Honan, "Scholars Attack Public School TV Program," *New York Times*, January 22, 1997; "Captive Kids: A Report on Commercial Pressures on Kids at School," Consumers Union, 1997, www.consumersunion.org/other/captivekids/c1vcnn_chart.htm; Simon Dumenco, "Controversial Ad-Supported In-School News Network Might Be an Idea Whose Time Has Come and Gone," *Advertising Age*, July 16, 2007.

73. 引自 Baker, "Stealth TV"。

74. Jenny Anderson, "The Best School $75 Million Can Buy," *New York Times*, July 8, 2011; Dumenco, "Controversial Ad-Supported In-School News Network Might Be an Idea Whose Time Has Come and Gone"; Mya Frazier, "Channel One: New Owner, Old Issues," *Advertising Age*, November 26, 2007; "The End of the Line for Channel One News?" news release, Campaign for a Commercial-Free Childhood, August 30, 2011, www.commondreams.org/newswire/2011/08/30-0.

75. Deborah Stead, "Corporate Classrooms and Commercialism," *New York Times*, January 5, 1997; Kate Zernike, "Let's Make a Deal: Businesses Seek Classroom Access," *Boston Globe*, February 2, 1997; Sandel, "Ad Nauseum"; "Captive Kids," www.consumersunion.org/other/captivekids/evaluations.htm; Alex Molhar, *Giving Kids*

the Business: The Commercialization of American Schools (Boulder, CO: Westview Press, 1996).

76. Tamar Lewin, "Coal Curriculum Called Unfit for 4th Graders," *New York Times*, May 11, 2011; Kevin Sieff, "Energy Industry Shapes Lessons in Public Schools," *Washington Post*, June 2, 2011; Tamar Lewin, "Children's Publisher Backing Off Its Corporate Ties," *New York Times*, July 31, 2011.

77. David Shenk, "The Pedagogy of Pasta Sauce," *Harper's,* September 1995; Stead, "Corporate Classrooms and Commercialism"; Sandel, "Ad Nauseum"; Molnar, *Giving Kids the Business.*

78. Juliet Schor, *Born to Buy: The Commercialized Child and the New Consumer Culture* (New York: Scribner, 2004), p. 21; Bruce Horovitz, "Six Strategies Marketers Use to Get Kids to Want Stuff Bad," *USA Today*, November 22, 2006, quoting James McNeal.

79. Bill Pennington, "Reading, Writing and Corporate Sponsorships," *New York Times*, October 18, 2004; Tamar Lewin, "In Public Schools, the Name Game as a Donor Lure," *New York Times*, January 26, 2006; Judy Keen, "Wisconsin Schools Find Corporate Sponsors," *USA Today,* July 28, 2006.

80. "District to Place Ad on Report Cards," KUSA-TV, Colorado, November 13, 2011, http://origin.9news.com/article/229521/222/District-to-place-ad-on-report-cards; Stuart Elliott, "Straight A's, With a Burger as a Prize," *New York Times*, December 6, 2007; Stuart Elliott, "McDonald's Ending Promotion on Jackets of Children's Report Cards," *New York Times*, January 18, 2008.

81. Catherine Rampell, "On School Buses, Ad Space for Rent," *New York Times*, April 15, 2011; Sandel, "Ad Nauseum"; Christina Hoag, "Schools Seek Extra Cash Through Campus Ads," Associated Press, September 19, 2010; Dan Hardy, "To Balance Budgets, Schools Allow Ads," *Philadelphia Inquirer*, October 16, 2011.

82. "Captive Kids," www.consumersunion.org/other/captivekids/evaluations.htm. 本段及接下来两段，我引用了 Sandel, "Ad Nauseum"。

83. 第 4 届年度儿童力量营销会议宣传册，引自 Zernike, "Let's Make a Deal"。